激發孩子專注力的飲食革命

上原まり子／著
Mariko Uehara
王韶瑜／譯

八方出版

獻給家有：

「無法持續專注力」

「馬上就分心」

「無法平心靜氣」……的孩子而感到憂心不已的媽媽們。

專注力，並非是能輕而易舉學習到的能力，

也不是一邊忍耐一邊學習的東西。

比起一昧的叨唸、斥責甚至是強制性的管理，

還不如開開心心讓孩子在潛移默化中轉變。

箇中奧秘，就隱身於我們的家庭中與日常生活之中。

前言

我從2006年創辦料理教室開始，迄今已超過10年。現在來上課的學員們形形色色，年齡層從20幾歲到60幾歲都有。然而在創辦後的前幾年，幾乎都是以家有幼兒的媽媽們為主。

在放長假期間，我特別為3歲以上到小學生的男女兒童開設了兒童料理教室。

有時候會有2歲的幼兒熱烈地要求來上課，有一次在12歲以下的料理班級當中，最有專注力、滿懷熱情、做起來又得心應手的竟然是一名2歲男童。透過與孩童們共作料理的過程當中，我所察覺和學習到的事情不計其數。

由於平時我的料理教室的授課對象是成年女性，經常能夠從媽媽們口中耳聞孩子和孫子的煩惱與變化。

透過飲食，孩子們會有驚人的變化。

我每日開心地體會著這些變化所帶來的效果。

・原本拒絕上學的孩子，開始去上學了。

・原本成績低落的孩子，偏差值提升超過了10，成功擠進超難考的中學。

・沒有去補習班補習，就考取該縣頂尖的高中。

・孩子不再任性鬧脾氣，終於能平心靜氣下來，育兒變得輕鬆許多。

・開始發掘自己喜歡的事情，並且能夠全神貫注地投入。

・開始變得會積極查詢感興趣的事情，並且把它記起來。

・在家一天用功念書的時間不滿15分鐘，而是在課堂上理解內容，成績也優秀。

・忘東忘西、丟三落四的頻率降低了。

果腹充飢的食物、獲取營養的食物、美味讓孩子開心的食物……並非光只這樣。

我讓媽媽們學習製作能自然而然激發孩子的潛力，並將之發揮到極限的餐點，並且學習選擇食物的訣竅，因此讓孩子的身體或心靈上都產生了突飛猛進的變化。

本書特別著重在提升「專注力」的食物，融合東洋陰陽思想及能量，掌握食物的「聚精會神力」和「精神張性力量」的兩大關鍵軸心，為各位做進一步的介紹。

透過認識食物的性質，培養適時合宜的食物選擇能力，就能對事物產生新的見解。

各位要不要親子聯手發動一場皆大歡喜的廚房革命看看呢？

目錄

第2章 讓「氣」的能量助你一臂之力的飲食方法——

——什麼是「有助聚精會神的食物」和「導致精神渙散的食物」？

第4章

孩子和媽媽全都幸福滿滿！

——源自廚房的育兒革命決定孩子的一生！「食物」選擇能力的養育方法

附錄

受孩子喜愛的

提升專注力 精選食譜集

❶ 糙米麻糬味噌湯
❷ 糙米烤飯糰
❸ 細卷壽司
❹ 梅煮牛蒡
❺ 牛蒡金平
❻ 羊栖菜煮物
❼ 小松菜拌海苔
❽ 簡易拔絲地瓜

第1章

「無法持續專注力」，歸因於食物

——「無法平心靜氣」、「發呆恍神」，皆事出有因

想讓孩子聚精會神的時候，是否給了足以導致精神渙散的食物呢？

棒球隊員們在比賽開打前會圍成圓圈高喊：

「打起精神來！」

「打一場漂亮的比賽吧！」

等振作精神的口號……相信大家一定都看過這種場景吧。

「打起精神來！」、「打一場漂亮的比賽吧！」這些說法，目的就是要集「氣」，也就是聚精會神。

在挑戰要事的時候精神渙散，無法獲得成功。

必須聚精會神並全力以赴處理。

如果是那樣的話，此時如果能吃到富有「振作」力的食物就好了。

也有人未能留意此點，反而在比賽前造成反效果地獻上糖果、麵包和碳酸飲料等慰勞品。

添加了大量砂糖的鬆軟麵包，容易使人精神散漫。一旦甜食吃下肚，心情就會放鬆。**這是由於砂糖具有放鬆效果，即使從能量層面來看，也同時具備導致精神渙散的作用。**比賽時，想要聚精會神而非放鬆，這個目的相當重要。

想要聚精會神的時候，我推薦的菜單是飯糰和粗卷壽司。被緊緊紮實包進飯內的能量，不僅能提升專注力，就連醃梅子和昆布等餡料也有相輔相成的效果。

醃梅子富含礦物質，具有消除疲勞的效果，一旦吃了酸梅，就會酸得想要緊緊噘起嘴巴一樣，不難想像其所帶來的聚精會神的效果。

事實上，由於飯糰等等的飯類食物易於消化，吃了能立即被身體轉換為能量，也不致於對身體產生負擔。

倘若是在家裡捏製的飯糰，應該會細細品味飯糰的配料，也無須擔心添加物和防腐劑。

請務必慎選只使用「鹽、紫蘇、梅子」三種原料醃製的「正統」醃梅子。至於鹽，我推薦使用非人工精製過的「天然鹽（自然鹽）」。

請使用優質的鹽以及正統的醃梅子及海苔，為孩子捏製一顆勝利的飯糰。即便是忙碌的家庭，如果是飯糰的話，也能迅速備妥。

攸關重要的比賽和輸贏的關鍵時，與其吃會導致精神渙散的甜食，不妨食用能夠聚精會神的食物，更能助孩子一臂之力。

想要聚精會神的時候，就要吃這種食物！

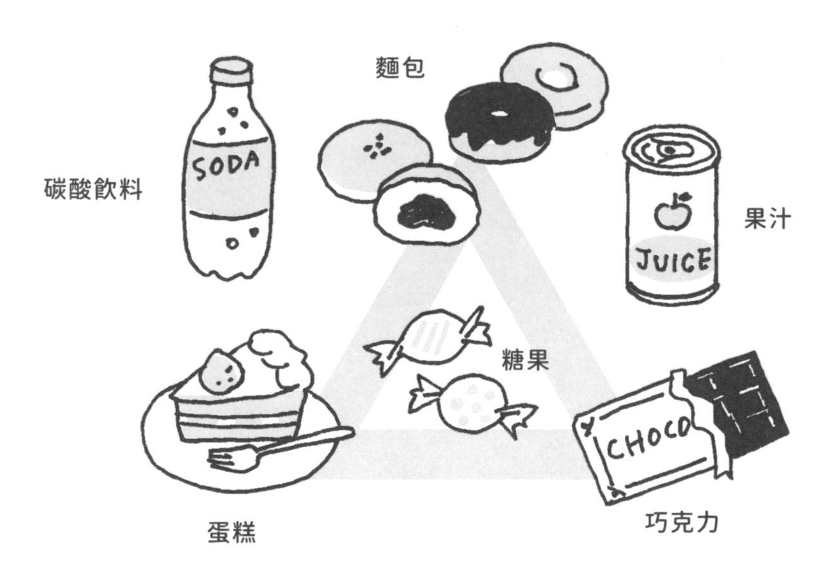

「無法平心靜氣」的原因出在點心？

立刻就大吼大叫地發脾氣。

無法平心靜氣，總是東奔西跑。

……此時就算是責備孩子「冷靜一點」、「安靜一點」，都只會適得其反。孩子不但不會收斂，反而會變本加厲地鬧得更厲害。

這種孩子的困擾行為，多半可靠改變飲食，特別是改變點心就能順利解決。吃點心的時候如果吃下過多的糖果點心，就會因為「砂糖」使血糖數值急速上升，進而引發興奮作用，再者又由於砂糖具有精神渙散的擴散性能量，因此就容易導致分心。

有此一說，「暴怒抓狂」（憤怒、情緒爆發），是由於砂糖上癮症所引起的。

一旦攝取了過量砂糖致使血糖值急速上升，人體會過度分泌想要降低血糖值的一種名為胰島素的賀爾蒙，導致低血糖的發生。

血糖值急速下降，身體會變得倦怠無力並且失去專注力，開始變得煩躁不安。

你是否一廂情願地以為「點心＝受孩子喜愛的甜食」？

對年齡尚小的孩子而言，點心等同正餐。

孩子的身體還小，內臟也尚未發育齊全，無法一次大量攝取成長中所必需的食物。

因此，必須增加孩子用餐的次數。早上10點和下午3點的點心時間，應視為一份正餐來好好作準備。

若以這樣的觀點來看，**孩子的點心，原本就沒有必要提供糖果點心。**

試試看將飯糰、蒸地瓜、玉米等食物當作點心端上桌，孩子就會開心吃下肚。

親子共同攜手製作點心，也能從中獲得樂趣。

倘若要動手做糰子或萩餅*，使用米飯和雜穀，既能品嚐米飯的天然甘味，又能攝取到營養。

麻糬也是一個能讓人打起精神，可充分咀嚼的優質點心。

糙米麻糬的營養價值相當地高，又獨具風味，因此備受歡迎。

但由於甜食會引發蛀牙，對此相當注意的家庭日益增加，其實砂糖還有其他問題。那就是砂糖擁有強大導致精神鬆懈渙散的能力，易使身心感到疲倦。

鬆懈＝專注力中斷。因為一個不小心就會受傷或招惹麻煩。況且，消化砂糖需要消耗掉大量的礦物質，致使骨骼變脆弱。砂糖量一多，就不得不消耗儲存於體內的礦物質。血液會呈現酸性，是引起貧血的原因之一。也有一說，是過敏與花粉症的成因。

當然，也會有想要在點心時間享受正餐以外的糖果點心的時候。尤其是外出，或有慶祝的事情等等的特別日子，可以選擇帶有溫和甜味的甜點。所謂的

「溫和」，指的是不對身心造成負擔帶來反作用的意思。

添加大量的砂糖不僅刺激性強，就連反作用也相對地大，善用砂糖以外的甜味劑或是減少砂糖的使用量等等，在家中就辦得到的事其實多不勝數。

基本的甜味

穀物……米、雜糧、麥、蕎麥等。
蔬菜……南瓜、洋蔥、高麗菜、紅蘿蔔。
薯類……地瓜（烤地瓜、地瓜乾、蒸地瓜等）。
其他……栗子、豆類、當季水果（水果應少量攝取）。

可使用於甜點的溫和甜味劑

・甘酒……以麴和米取代砂糖釀造。糙米甘酒的營養價值特別高。以麴釀造，不使用酒粕，因此不含酒精，且因為不使用砂糖，故可安心讓幼兒食用。可

＊萩餅又稱為牡丹餅，是在糯米或梗米飯糰的外層包裹上一層紅豆泥或黃豆泥的日本傳統甜點。

加水稀釋成喜愛的甜度。

・米飴（使用米發酵而成的麥芽糖）……糙米麥芽糖的口味有豐富層次，營養價值也高。可當作黑蜜和蜂蜜的使用方式食用。用熱水泡開就成了飴湯*。

屏除甜食＝砂糖，點心＝糖果點心這些概念。孩子會樂於品嚐天然的甜味。

*飴湯是加上少許生薑的麥芽糖茶，被視為腸胃藥，是夏天喝的飲料。

桃太郎的致勝關鍵在繫於腰間的某個秘密

在我的料理教室，有一堂製作黍糰子的實習課。

製作口感Q彈、帶有自然甘甜滋味的黍糰子趣味無窮，多數學員們回家後也會和孩子一同親手製作。

「連我那喜愛零食的孩子都好開心！」

「這是桃太郎的糰子……令我的孩子著迷不已」

「帶黍糰子的慰勞品到幼稚園去的時候，讀過繪本、卻從未吃過黍糰子的孩子們紛紛閃爍著雙眼，從四面八方湧上來」

「桃太郎啊，桃太郎。繫於你腰間的黍糰子，拜託請給我一個吧。」

因這首歌讓大家耳熟能詳的桃太郎，率領狗、猴子、雉雞，漂亮地擊敗惡鬼。

或許這是由於黍糰子扮演著極為重要的角色也說不定呢！

黍，是全穀類作物。全穀類作物因為未被精製，完整保留穀類所有營養素，是保有營養價值的食材，而且營養價值高又易於消化，是相當優質的食品。由於白米、粉類，和砂糖經過精製加工，已經捨棄了穀物外側部份的營養，因此幾乎未保留任何營養素。

古代人的點心並非西式甜點，而是以使用穀物製作的飯糰、麻糬等食物為主流。只要充分地咀嚼，就能品嚐到食物本身的甜味。

由於在古代，砂糖屬於貴重的物品，因此人類才得以享受穀類原本所含的天然甜味。在我的料理教室中所製作的黍糰子，是沿用遵循古法不添加砂糖的食譜。

吃了黍糰子，活力充沛地擊敗惡鬼的桃太郎和他的夥伴們，吃下肚的東西如果是添加大量砂糖的巧克力和充斥著添加物的懷舊零食……將會導致什麼樣的結果？

由於砂糖是張性力量強大的食品，說句玩笑話，或許桃太郎他們早就全軍覆沒了呢！

日本人自古以來食用至今的「穀類」有著強大的力量，不僅天然，營養價值又高，擁有充沛活力的能量。除了可以不經加工完整食用外，也是大地生產的食物，現在正是關注的好時機。

東大生是日本料理派？

在觀看和詢問了東大生以及東大出身人士的訪問與問卷調查結果後，我發現類似

「我是吃日本料理長大的」

「媽媽經常親手做菜給我吃」

「我們家是無添加主義」

諸如此類的回答占多數，因此得以想像有為數眾多注重健康的家庭。

由於在我的料理教室當中，有自己本身為東大出身，或兄弟姊妹畢業於東大的學員，經我試著詢問之後，得到下列回答。

・牛蒡金平是我家的基本菜色。我哥哥以前經常唱牛蒡金平的歌（改編自受歡迎的歌謠的自創作品）。

・我超愛吃飯，以前早餐的基本菜色是味噌湯和飯。
・餐桌上時常有魚。多為燉煮到連魚骨都可一起食用的菜餚。
・常吃喜愛的酒蒸花蛤、鋁箔紙烤魚等口味清淡的菜餚。
・奶奶在山中採的栗子和款冬是我們家的季節大餐。款冬的煮物是我相當愛吃的一道菜。
・吃東西時，我經常被提醒要姿勢端正，並且充分地咀嚼一百下。

全世界正掀起日本料理熱潮，正如同最近的醫學、營養學和腦科學使傳統的日本料理文化重獲評價，正顯示出傳統日本料理與學力似乎有著密不可分的關係。

對日本人而言，早餐喜歡吃飯勝過麵包，喜愛日本的季節時蔬和魚勝過外國的蔬菜，比起油膩的炸物更愛吃煮物……，這些傳統的日本料理很天然，或許最適合日本人的身體。

再者，

「吃飯時要挺直腰背」

「吃的時候要好好咀嚼」

……等等皆為昔日日本家庭傳承下來的「用餐教養」。

然而這些並非只攸關禮儀的問題，也不只是有益健康而已。

雖然近來開始有挺直腰背有助活化大腦一說，以往日本人卻是依靠過往經驗了解這個道理。

了解日本料理文化，有助提升學力。

家有合格考生的家庭，爲何煮「牛蒡金平」？

東大生及東大出身人士多半喜愛日本料理，其中尤以牛蒡金平深受歡迎。稍早也與各位分享了一名學員就讀東大的哥哥自創牛蒡金平歌曲的趣事。

以前，我曾經讀過名為《天才與牛蒡金平的作法》的一本書。這是一本有關作者十分重視飲食教育，進而養育出進入國立大學和以公費海外留學的三名優秀兒子的故事。

我的兒子也非常愛吃牛蒡金平。

他喜愛的食物前三名分別為牛蒡金平、昆布煮物、蔥味噌醬。兒子告訴我，這些菜色不僅非常下飯，吃下肚時可以整頓身心，令他十分心滿意足。

在考試前、比賽當日、有重大發表的日子……等等特別需要「專注力」的時候，牛蒡金平即能帶來極大的助益。牛蒡金平有助於提升專注力的理由如下：

首先，牛蒡金平的食材都是屬於根菜類的牛蒡和紅蘿蔔。**根菜，正如其名，有根部往土壤深處紮根的能力，是使人沉穩冷靜，立穩根基，強健體魄的食材。**

不用說，根菜類的營業價值固然高於葉菜類，**由於屬「陽性」（將於後面說明）食物，具有溫暖身體、收縮的作用，因此能改善頭部血液循環，是提升專注力再好不過的食材。**

只不過在我的料理教室中所製作的牛蒡金平，有別於一般的作法，製作配方重點在不放味醂、酒和砂糖。這是由於**味醂、酒和砂糖具有導致精神渙散能力**的緣故。

牛蒡金平對提升專注力有效的理由

往土壤深處紮根的根菜，能成爲身心靈的根基，具有收縮的作用。

將根菜切成細絲，就能整頓身心！卯足全力！

我僅使用具有收縮性力量的調味料——醬油。

可能會有人認為只用醬油調味會變得死鹹，但是美味的秘密其實隱藏在調理方法之中，調理方法能帶出食材的鮮味，因此在料理完成後還能品嚐到豐富的層次感與甜味。

製作方法收錄於本書最後的附錄，只需細心謹慎地做，就不會變成充滿刺激性死鹹口味的醬油煮物，反倒能引出食材的甜味與增添深度。

料理與育兒教養有一個共通點，與激發孩子的潛力不謀而合。花點時間在細心謹慎的烹煮程序，正是美味的秘訣所在。

還有很重要的一點，就是要將食材「切成細絲」。切成細絲，是每切下去一次，就能將自己的氣灌注到料理中的調理法，能搖身一變成為一道讓孩子精力充沛的菜餚。

在我的料理教室中，是指導學員將食材切到「細如一根針」，**只要下意識切成細絲，就能親身體驗到心靈調和、專注力加倍的效果。**

由於切碎可讓食材更容易入味，幫助仔細咀嚼，咀嚼的動作有助於大腦思緒清晰。為了能充分咀嚼，在烹煮時請勿加入過量的水以免烹煮過爛。

學員們以我的食譜配方製作牛蒡金平給孩子吃，覺得不僅整頓了孩子的身心靈，就連孩子也愛上了這道注滿能量的菜餚，備受學員們的讚賞。不擅長切成細絲的媽媽們，只要反覆不斷地練習，就會熟能生巧。

牛蒡金平這道菜，勢必能在重要決勝負的關鍵前幫助發揮必要的專注力，敬請務必將它視為每個月會做個幾次的基本「常備菜」菜色，做為整頓心愛家人身心靈的助力菜色，應予以善加利用。

以不使用會導致精神渙散的砂糖和味醂製成的「特製牛蒡金平」，幫助孩子聚精會神、整頓身心靈。

炸豬排可當作「勝負飯」*

在重要的日子來臨前，來份炸豬排討個好兆頭！

「炸豬排（TONKATSU）」的日文發音近似「勝利（KATSU）」，為一道地位形同大餐、備受歡迎的人氣菜單。

但是，請等一下！

雖說吃肉好像可以補充體力，然而要將脂肪多的肉再用大量的油炸出來的炸豬排，除了對身體造成極大負擔外，也需要更長的消化時間。

一旦吃了對身體負擔大的食物，就可能會引起消化不良。

吃了會增加消化負擔的食物後，血液會集中在胃部，導致血液無法傳送到大腦，可能會開始發呆恍神、想睡覺。

油炸食物對於胃部還很小的孩子而言，是消化相當辛苦的食物。

喜歡吃炸豬排的孩子，可在重要的日子或應試等挑戰前，先停止食用這類

「消化費時的食物」，改吃利於消化、對腸胃負擔較少的食物，就能有助頭腦思緒清晰。

攸關勝負關鍵的大事前，媽媽們往往會有讓孩子吃些活力倍增、精力充沛等充滿能量的食物的想法，結果卻恰好適得其反。

然而，倘若花點功夫按照下述作法，就能減輕炸豬排對消化的負擔。

- 不給過多的量（切成小塊，或不讓孩子吃完後再續份）。
- 佐以幫助消化的東西（高麗菜絲、檸檬）。
- 搭配足夠份量的白蘿蔔泥。
- 與飯輪流交替著吃，仔細咀嚼。

相較於使人精力充沛的食物，食用有助消化的「輕食」來迎接挑戰，更能集中精神發揮專注力。

*決勝負前吃的菜來定勝負嗎？

刺激性強的食物會使人分心

聽說有諸多聽信「巧克力所含的可可成份能提升專注力」，而在考試當前吃巧克力的考生。

若以營養素來考量，可可雖然屬於優異的營養成分，然而若思考看看攝取了刺激性強的食物，究竟會產生什麼樣的影響？**從動心、心情動搖、心煩意亂、情緒亢奮**的經驗，可想而知。

因為「哇！好香的味道！好甜又美味！」而感到陶醉時，你的精神是否全都鬆懈下來了呢？

孩子的飲食雖然與酒精無關，大人在飲酒作樂時，卻特別時常因為精神鬆懈下來而做了些諸如酒醉、電車坐過站、遺忘物品等許多糊塗事。

這就是「張性」帶來的鬆懈能量。

陶醉和飄飄然的心情狀態，會難以全神貫注。這是由於心是呈現分心的狀態，換句話說，就是精神渙散。

就如同沒有一邊喝酒一邊背誦、念書或做訓練的人一樣，**刺激性強、具有強大張性力量的食物，是在想放鬆或享樂時所選擇的東西。**

有因吃了過量的巧克力而流鼻血的孩子，這就是身體發出「很強烈、很多、很刺激」的警訊。

刺激性強的食物

- 砂糖。
- 巧克力。
- 咖啡因。
- 酒精。
- 市售零食。
- 充滿大量添加物的食品。

・辛辣、含有許多植物香料的食物。
・含有人工甜味劑或香料的碳酸飲料。
・垃圾食物。

咦？怎麼盡是些孩子喜愛的東西？

沒錯！刺激性的食物會緊緊捉住孩子的心。一旦孩子記住了強烈的味道，就會深深為之著迷。

各位不妨可以試試看不要在孩子運動比賽、才藝發表會、應試等重要時刻之前，給予刺激性食物。

在緊張、陷入焦慮的心煩意亂的狀態下，是無法發揮實力的。

在正式上場前的緊要關頭，孩子若能乘風破浪並且保持沉穩平靜的狀態，真是再理想不過了。

這份安定感，將成為做任何事的時候的重要根基力量。

倘若能在安定的狀態下，直覺判斷也將發揮作用。判斷事情的時候，「敏銳的直覺」就會派上用場。

希望孩子可以內心堅定不動搖、擁有判斷力、不會總是感到迷網不已……，其實僅需常保內心平穩的安定狀態即可。

希望安定孩子的心的時候，還是以具有穩定能量的穀物為中心，並搭配蔬菜、豆類、海藻等組合的食材，最為安心。

為了能保持平常心，應避免刺激的食物。

「攝取過多的水分」，是讓人馬上筋疲力竭的根源

為了避免脫水症狀，就要補充水分。為了防止乾燥，也是要補充水分。無論在夏季與冬季，時常會聽到這句話。

只不過，一旦攝取了過量的水分，就會成為產生疲倦的根源。先攝取大量水分再運動的話，就會覺察到身體變得沉重，立刻感到筋疲力竭。

就連在運動教室中，都有為數眾多不時補充大量水分的初學者，其實高級班的學員與老師在運動的過程當中，並不會攝取過多的水分。

好像也有許多時常飲用果汁、牛奶和運動飲料等等，因為無法久站而聲稱「我累了」，想要立刻坐下來的孩子。

水具有冷卻身體的作用（請參閱第二章的陰陽能量）。水雖然是人體必要的成分，但是一旦攝取過量，就會造成身體的負擔。

內臟積水，就會體寒，血液變稀，無法充滿朝氣地活動。

跳躍時若感覺體內彷彿有水花濺起的聲音的人，很顯然地就是攝取了過多的水分。

水分一旦過多，特別容易造成腎臟相當大的負擔。腎虛會讓人容易感到疲憊，身體發寒，而且也會導致睡眠品質惡化。

曾有學員向我提出「一日需要喝多少公升的水呢？」這樣的問題。一日所需的水量，須視氣溫、溫度、說話量（說話時間太久會口渴）、運動及活動而有所不同，無法一言斷定。

如果仔細算一下去廁所的次數，就會更容易明白。

一日上廁所的次數若高達8～10次，就可視為攝取過量的水分。

除非特殊情況，一日小便次數4～5次恰恰好。

要在頻跑廁所的狀態下全神貫注於某事，原本就是一件極為困難的事。課堂上想去上廁所、半夜爬起來上廁所好幾次、因為貧血而在朝會時感到暈眩等症狀的孩子，恐怕是由於水分攝取過多的緣故。

特別需要注意的，是用餐中若不攝取水分就無法吞嚥的孩子。孩子想在用餐中不斷攝取水分，有可能是因為餐點口味太過濃郁，如太鹹或刺激性太強，或是囫圇吞棗未詳加咀嚼的吃飯方式，會妨礙消化。

還有，於用餐中稀釋胃液，更不利於消化。

拜幫助消化的胃液所賜，能消滅有害的細菌，保護我們的身體。食物中毒機率比較高的人，有可能是由於過多的水分稀釋胃液，降低了殺菌效果。

餐後若能撥出慢慢品茶的時間，是最好不過了。

須特別留意拿著寶特瓶牛飲的孩子！「浸水」的身體將招致寒症，引起疲倦感。

「冰冷的東西」會奪走精神活力

與攝取過量水分人數不相上下的是「喜愛冰冷食物」的人，又以男孩居多。

將凍結成冰的運動飲料帶到學校去、愛喝加了冰塊的水、冰塊嚼得嘎吱作響，不分季節吃冰是理所當然。就連在炎炎夏日，也要吃掉一整大碗的剉冰。

取而代之的是……

- 容易吃壞肚子。
- 晚餐時沒食慾。
- 氣色差。
- 手腳冰冷。
- 手汗直流。
- 夜晚難以入睡。

其實，人的身體，並不耐冰冷的東西。

正如同體溫下降，免疫力也會跟著急速下降一樣，冰冷的東西多半會降低人體的元氣和活力。

在運動過後、炎炎夏日或口乾舌燥的日子，冰冷的東西會令人感覺相當可口美味，然而必須注意攝取的「量」與「頻率」。

不要每日供應冰淇淋、剉冰或冰涼的甜點作為夏日點心，可改為供應蒸熟的玉米、毛豆，或以剩飯捏製的飯糰替代。如果孩子實在很想食用冰涼點心，則須留意西瓜不要冰過頭、也可以使用洋菜製作寒天果凍或是選擇水洋羹，這些東西並不會比冰淇淋和雪酪還要來得冰冷，又能滿足孩子想吃冰涼點心的欲望。

只要增加對腸胃溫和的點心，就會覺察到**中暑和罹患夏季感冒的機率減少。**

料理教室的學員紛紛告訴我，早晨煮壺麥茶或番茶，放涼置於常溫飲用後，腸胃的狀態獲得改善，吹冷氣冷過頭的情形也隨之減少，喝茶時也開始覺得好好地品嚐茶的醇香也不錯。

最重要的是，也不會因為吃冰而引發頭痛，對大腦和身體都相當溫和。

「不在飲料內加冰塊」，不分季節都受身體的歡迎！常溫的茶，不僅對身體溫和，也能防止飲用過量。

流汗時，喝運動飲料不如補充開水和醃梅子的好理由

為了運動後補充水分和酷熱天的防中暑對策，喝運動飲料是否已經成為必然的習慣？

運動飲料的賣點在添加了身體可能會流失的礦物質等營養素，然而還有一個令人在意的，就是使用了大量的砂糖和添加物。

以一瓶五百毫升寶特瓶的運動飲料為例，竟然含有多達30公克的砂糖，相當於6顆方糖的量。

我已再三強調，砂糖具有導致精神渙散的作用。

不只是運動飲料，一旦喝了大量的甜飲，就會稀釋胃液，往往容易中暑，疲勞感倍增。

我彷彿也能聽見「那麼，減醣的話就好了嗎？」這樣的疑問。然而，問題並不單純只是當前話題不斷的醣類和砂糖份量而已。

減醣商品，幾乎都是使用了砂糖以外的人工甜味劑。查看一下商品外包裝的原料表，會發現除了碳水化合物之外，還標示了令人毫無頭緒且看不懂的成分與添加物。

人工甜味劑為非天然的合成原料，具有相當強大的張性力量。

身為父母，總是希望能給予孩子使用令人安心的原料和凝聚了天然能量所製成的真正的食物，讓孩子能自由自在、無拘無束地活動及成長。

日本自古以來就有「流汗時舔鹽」的習慣，在作農務的休息時間，吃醃梅子和醬菜配茶喝。這是來自食用天然食品補充因流汗而流失的礦物質和水分的祖先的智慧。

如果在大量運動時揮汗，可在開水中添加優質的鹽飲用，亦可食用醃梅子飯糰，這些都是在家裡就能下的功夫。

在夏日的餐桌，端出富含天然鹽分及礦物質的海藻沙拉與加了梅子的涼拌料裡，也是不錯的方式。

順帶一提，以前曾聽過有人在詢問對方身體狀況時，會問：「你是哪種鹽梅*？」的說法。

所謂的鹽梅，意指調味時使用的鹽和梅子醋，其後延伸為調味的程度之意，進而比喻事物的狀況與進展的狀態。

如同上述，鹽與梅子這兩個詞彙開始被使用於日常生活當中，為自古以來備受日本人重視的基本味道。

流汗時，從天然食品補給優質的礦物質和水分。

* 「鹽梅」（ENBAI）與好好安排事物的「按排」（ANBAI）被混合共用，之後延伸為「情況怎樣？」

「不加甜味劑就不甜」，只是一廂情願的想法

以前的日本人因為「身軀嬌小卻聰明伶俐、做事能幹、動作俐落、體力強盛」，就連外國人都投以異樣的眼光。

日本人的這些特質，與食物有著深遠的關係，為眾所周知。與昔日相比，日本料理為目前全世界所嚮往的料裡，同時也是「健康食物」的代名詞。

日本料理餐廳在國外都市炙手可熱，很常在大型超市的健康食品區看到味噌、醬油和納豆等日本食材並排陳列於商品架上。

每年我都會造訪義大利，現在竟然看得到二十年前看不到的羊栖菜和蘿蔔乾。

在義大利享有高人氣的瘦身食品「ZEN PASTA」＊，竟然是「蒟蒻絲」製成的！

日本料理的優點，是以穀物為主食，並且均衡地攝取蔬菜、海藻、豆類等植物性食品，以及不使用油的調理法和少油膩等特色。

日本料理一湯三菜的原則，不僅營養均衡、低脂、低熱量，是相當優秀的料裡。

只不過，日本料理也有值得留意的一點，就是「甜度」的問題。

如同日本料理的調味原則「SA SHI SU SE SO」*，大家在做菜時是否認為一定要加砂糖不可呢？

在製作煮物或照燒等料裡時，會放入砂糖與味醂增添甜味。相信應該有許多家庭會在每日烹煮的料裡中使用砂糖。

事實上放眼國外，砂糖經常會被使用於甜點製作上，但幾乎未曾見過會在料理上使用砂糖的國家。

*日文 ZEN 意為禪，禪義大利麵。

*日文雙關語。SA：砂糖，SHI：鹽，SU：醋，SE：醬油，SO：味噌。

白砂糖會使血糖值急速上升下降，對人體造成負擔。即便是不常食用點心零食和果汁的孩子，若每餐都吃下添加了大量砂糖的料裡，就容易使身心鬆懈。

「不加甜味劑不會甜」只是一廂情願的想法。與稍早介紹過的牛蒡金平一樣，可以只靠醬油引出食材本身的甜味，吃出自然食材的甜味。

花點時間充分加熱，灑上少許的鹽慢火熬煮，也可採蓋上鍋蓋蒸煮的調理方式（蓋上鍋蓋蒸煮，延長調理時間的方式），**就能引出食材的甜味。**

其實有諸多如**南瓜、地瓜、洋蔥、高麗菜、薯芋類等本身就帶甜味的蔬菜。**不使用甜味劑的煮物食譜將於本書最後的附錄介紹，倘若能不加砂糖就能煮出美味的日本料理，那就會更加健康，而且專注力也將更集中。

小時候，我的祖母曾告訴我：**「只要細嚼慢嚥，飯就會變甘甜喔！」**。這是因為飯中的澱粉與唾液混和結合後會被糖化，讓舌頭感覺到甜味。我期望各位的孩子都能懂得感受品嚐食材獨具的自然甜味，而非充斥著砂糖味道的「甜味」。

無須使用甜味劑，也能享受天然食材的甜味。

喚醒大腦的「少食」的力量

在重要的考試和比賽前，有許多人會想飽餐一頓獲得能量後再出門。然而重點其實是在想要全神貫注的時候，應該要少吃一點，才不至於使腹部感到沉重。

・減少一些食用的份量。
・減少配菜的種類。
・粗茶淡飯，不吃大餐*。

只要遵守上述原則，就有助大腦保持思緒清晰，為挑戰重要的舞台做好萬全準備。

有時為了接受健康檢查，不能吃早餐甚至連午餐都不能吃的時候，相信一定有即使飢腸轆轆，但是工作或讀書的進展卻相當順利，感覺做事特別能全神貫注和效率良好的人。

看著那群工作能力出眾的人，想必有在重要簡報及攸關勝負的日子，藉由少食來調整身體狀態的人。我也聽過有不少成功人士都實踐過少食主義。

只不過，少食與粗食並不適合準備考試的考生，或在重要活動的前幾日一直持續這樣的狀態，少食將無法攝取到均衡的營養，應適可而止，僅需在前一日或當日實踐就好。

平時應多元豐富攝取使用當季食材製作的配菜，增加豐富多彩的配菜種類是一件極為重要的事。

在重要的日子，比平時還少的食量以及食用利於消化的食物，減輕身體負擔再出門，就能夠進展順利。

＊中文的粗食，意指保留最原始的養分，在烹煮過程中盡量不加工。日文的粗食，則偏向回歸自然的粗茶淡飯，常指一湯一菜。

第 2 章

讓「氣」的能量助你一臂之力的飲食方法

——什麼是「有助聚精會神的食物」和「導致精神渙散的食物」？

不只要注重營養及熱量！在飲食方面必須「留意」的重點

每日除了食物的營養價值和熱量之外，還會意識到食物也存在著「能量」的人恐怕不多。

然而，從日常生活當中使用的日文的角度來思考看看就會明白，大家其實都在無形之中無時無刻都在重視「氣」。

「元氣」、「勇氣」、「氣虛」、「氣足」……現在處於什麼「氣」的狀態，讓人感到在意呢！

「要小心喔！（気を付けてね）」、「心情真好！（気分がいい）」、「焦急地坐立難安！（気が気じゃない）」、「放輕鬆！（気を楽に）」、「不感興趣！（気が乗らない）」、「在意！（気になる）」、「想太多！（気のせい）」……

以上日文表現均使用了「氣」這個漢字。

各位每日到底使用了多少這類詞彙呢？

我們的精神狀況，深受「氣」的支配影響。希望各位能絞盡腦汁思考一下，在現實生活當中一旦處於「生病*」或「氣虛」的狀態，應該如何轉化成「元氣」（原本的氣），希望各位都能變成良好氣場的狀態。

如同東洋思想「百病從氣生」的說法，自古以來，這股重視氣的思想根深蒂固。

就連食物的主要作用也並非僅在填飽空腹、營養價值、美味和美觀。只要下意識選擇能填滿這股「氣」的食物，並且留意是否彈性靈活取得平衡，將會帶給我們更舒適的生活。

有一套發源自日本的「大自然長壽飲食*」養生法，以深入淺出的方式統整東洋陰陽五行的思想，讓日本人更容易實踐。

* 生病：日文漢字寫作「病氣」。
* macrobiotic，也譯作長壽食法。

這是遵循善加活用存在於宇宙的能量，人類身為大自然中的一名成員，重視在宇宙中取得良好平衡，讓人類活得更精彩的一套養生法。

充滿蓬勃朝氣的真正的能量和愛情的能量，再加以認識「氣」的原理、「張性力量」和「收縮性力量」，將更易於取得自身平衡。

在我們生活的世界裡，無時無刻都存在著「氣」。只要稍加留意「氣」所帶來的力量，就會一帆風順！

當地人之所需，由當地孕育

在食物豐足的日本，已能輕易取得全世界的食物。

舉孩子喜愛的食物為例，多半是漢堡、咖哩、拉麵等從國外傳入日本的食物。對來自遠方的食物產生憧憬和期待，雖然能為人生點綴色彩，但是希望大家牢記在心的一件事是，**「重要之物，永遠在你身旁」**。

自然界總是為棲息於當地的動物，獻上其所必需的贈禮。

贈送給日本的是稻米。

稻米是相當適合濕度高的日本的農作物，也是日本人的主食。主食正如其名，是主要吃的食物。我一直不斷地向學員們強調，不可以不吃飯。**好好攝取主食，才能形塑出我們的身體、心的主軸以及主體性。**

在夏季為了適度調節體熱，有小黃瓜和西瓜開花結果。在比日本更為炎熱的國家，甚至可以採收具有冷卻效果的咖啡和使用於咖哩的香料。

在地食材最適合自己（居住於當地的人）。

看似簡單，但有重新檢視現代人捨近求遠的習慣。

最愛吃咖哩、在寒冬及下雪的日子也經常吃咖哩的人時常體寒，流不停的鼻水、出現過敏症狀……。有這類情形的人要覺察咖哩原本並不是大自然送給日本人的贈禮，應重新檢視食用的次數，並了解其對人體有降溫作用，可改在天氣炎熱時食用，這是可以立即實踐的調整方法。

再者，在地食材，光憑這點就已經是鮮美的狀態，相當容易入口。

早晨採收的萵苣、剛從田裡或庭院採收的白蘿蔔等等剛收穫的食材，可想而知蘊含了相當高的能量，不僅營養價值高、美味倍增、價格又公道，好處多多。

日本人適合日本土地的東西（身土不二）

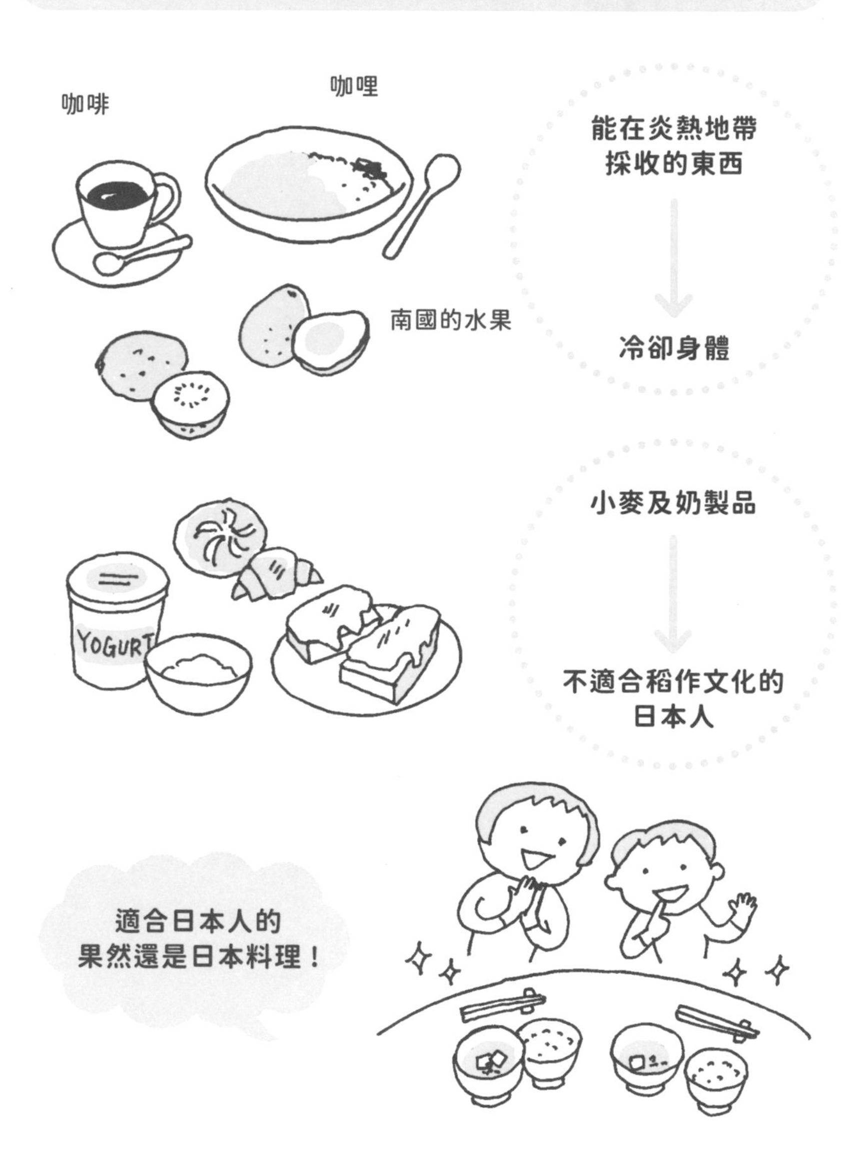

這種思想被稱為**「身土不二」**，是佛教用語，指人的身體與居住的土地無法一分為二，後被喻為有緊密不可分的密切關係。

如今也有「地產地消（當地生產當地消費）」的說法，以前也有「食用方圓12公里內的季節食蔬，就能健康長壽）」一說。

千里迢迢來自遠方的稀有珍貴食材，同樣是非常好的東西。然而這些食材僅能偶而為之，原則上隨手可得、新鮮又蘊含強大能量的食材，才是幫助我們身心充滿活力朝氣的最強能量。

選擇食用貼近身邊和當季的食材，與每日的健康與幸福息息相關。

整個食材全數食用所帶來的效果

我要告訴主張「蔬菜的皮一定要削掉、根部要切除、紅蘿蔔葉和白蘿蔔葉要丟掉」的人，其實還有更多可食用的部位！

例如，小芋頭除了皮難以下嚥的部位外，倘若能整個食材完整食用，將會帶來出其不意的效果。

白蘿蔔、紅蘿蔔、蓮藕、牛蒡、馬鈴薯……不再需要削皮器。**若能理解整個食材所具備的能量就是「完整形狀、增強壯大能量本身的威力」，垃圾量也會連帶減少。**

切除部分食材，不如整個食材全部食用。

例如，在讀書方面，除了學習自己喜愛的方程式，也須學習其他項目才得以使數學成績進步。

整個食材全數食用，發揮最大能量效果！（一物全體）

不切除部分食材

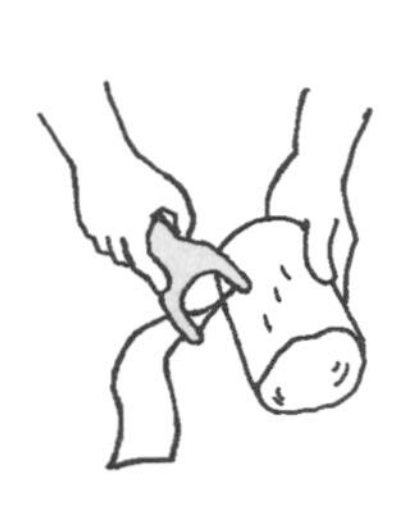

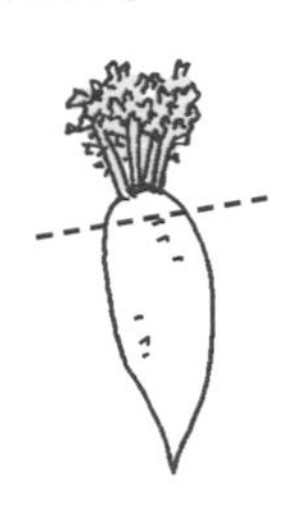

更好

→

選擇可從頭吃到尾的食材

更好

→

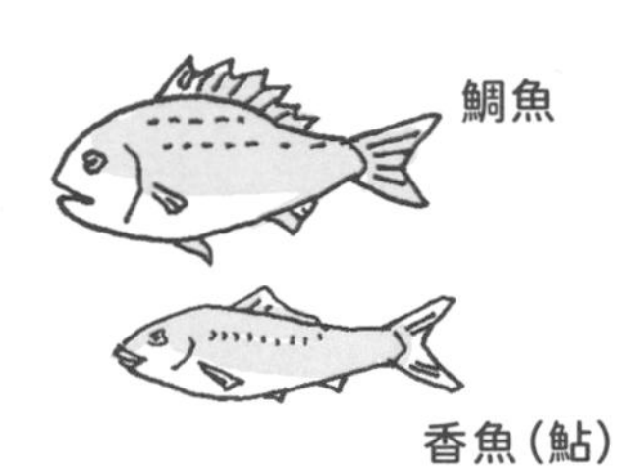

選擇未被精製的食材

白色食物（白色麵粉、白砂糖、白色麵類）

更好

→

全麥穀物

人也是各有優缺點，全盤接納朋友和家人的優缺點，給予包容的愛。宏觀事物整體，也算是幸福的秘訣吧。

實際上，蔬菜果皮富含營養，香氣十足。若能連皮一起做菜，就會發現料理變得更加美味，能量也相對地增強了。

被孩子稱讚「咦？媽媽的煮物變美味了耶！」而樂得在心中比出勝利手勢的學員媽媽們正不斷增加當中。

連皮一同食用，除了不僅節省了麻煩的削皮手續，還能攝取到更豐富的膳食纖維，更可消除便秘，肌膚也變得更有光澤，實在是獲益良多。

吃魚時，不要總是食用如鮪魚和鮭魚等大型魚類，可試著選擇能從頭吃到尾的香魚，**就會發現由於身體更易取得平衡，因此易於消化，食用後身體變得輕盈無負擔。**

上述的思想被稱為**「一物全體」**，意味整個都吃的意思。有意識地遵循身土不二和一物全體的思想選擇食材做菜，就會注入身心強壯的能量，請務必與家人一同親身感受這股力量。

古人視這個思想為理所當然，同時懷抱著一顆感恩的心，借助自然力量經驗的這個方法，也為現代帶來諸多意想不到難能可貴的效果，希望各位好好珍惜。

整個食材全數取用最完善！
盡量放眼整體，全部食用。

何謂食物的張性力量和收縮性力量？

接下來要與各位談論關於食物的「張性力量」和「收縮性力量」。

宇宙恆存「張性力量」（陰）和「收縮性力量」（陽），這兩股力量同時也是人體不可或缺的能量。

呼吸是不斷重複吸氣、吐氣的動作，脹縮肺部。陰與陽，總是以平衡分配的中庸狀態為理想目標。若身體呈現極度緊繃的狀態就會產生痛苦，若過於渙散就會搞壞身體。

張性和收縮性都很重要，並非哪一方較好或較差，也非哪一方可以取捨。重點在於取得良好的平衡，不可太過極端。

若能培養出合乎當時的環境與條件的見解，就會更加懂得善用這兩股力量。

在想要努力、全神貫注、想要有更多耐性做事的時候，總是不能鬆懈下來的吧？想放鬆、想休息、想發呆的時候，如果能適度的鬆懈一下就好了。

首先，這樣想是沒有問題的！

繫著領帶的男性去工作的時候，看起來很聚精會神。工作結束後，順道與氣味相投的同好杯酒言歡的時候，是否也不自覺地鬆開領帶？

我們一直持續不間斷地重複著鬆懈與收縮的動作，透過飲食方法，可將身心調整至更為舒適合宜的狀態。

除了食材本身具有的力量外，透過調理法與食材組合的搭配，能夠調整食材力量的強弱是其中有趣的地方，首先讓我們來認識一下食材所擁有的力量。

當我們在呼吸時，

吸氣（肺部膨脹）……鬆弛、擴張。

吐氣（收縮肺部）……收縮、閉起。

鬆弛與收縮兩種能量輪番交互作用，兩者平等缺一不可。大家現在可以吸十口氣再吐一口氣看看，馬上就會開始感到痛苦。

呼吸的平衡也相當重要。

除了呼吸以外，食物也需穩定取得這兩種力量的平衡。

有很多因兩者或其中一方的能量過多或不足導致失衡受苦的人。首先讓我們來理解，究竟這兩種力量蘊藏著什麼樣的能量。

當不知該如何判別「這個食物屬於陰性還是陽性？」而猶豫不決時，只要實際擺出這兩種姿勢試試看，就會很容易辨別。

張性力量（陰性）

所謂的「張性力量（陰性）」，意味著擴張和升浮的能量。

若能適度地活用張性力量，便能帶來下列效果：

- 冷卻、冷靜。
- 獲得輕鬆的能量。
- 神氣清爽、生氣勃勃。
- 能夠放鬆。
- 可以鬆一口氣。
- 心情變輕鬆。
- 可以豁達地思考事情。

而只要張性力量過多，就會無法取得平衡而導致：

- 注意力渙散。
- 忘東忘西。
- 不小心把東西摔到地上。
- 遺失物品。
- 粗心大意。
- 注意力散漫。
- 變得散漫、沒有規矩。
- 太過悠哉（動作慢）。
- 體寒。
- 流鼻水。
- 無法使力。
- 疲倦。

鬆懈與收縮，兩者都是極為重要的必備能量。不應該只一味攝取單方能量，必須有意識地使陰陽平衡得宜。懂得斟酌，是相當重要的一件事。

以下為具有較多張性力量的主要食物：

- 在春夏時節生長。
- 於熱帶、炎熱地區採收。
- 帶有強烈的刺激性和香氣。
- 水分多的東西。
- 柔軟的。
- 體積大、在高處結果實。

向上　高高地　體積大的　往旁邊擴張　的能量

砂糖、咖啡因、藥、添加物、水果、香料、青菜、葉菜類、豆芽菜、豆類、薑、蔥、大蒜、地瓜、馬鈴薯、番茄、茄子。

以上是從可以讓人適度鬆懈的輕能量，到能量稍強的食物。

張性力量強的食物，可以花些巧思搭配與其相反的陽性食物，或以帶有陽性能量的火加熱燉煮食用。

範例1　味噌燉馬鈴薯……與具有收縮性力量的味噌搭配，可在某種程度防止過度鬆懈的張性能量。

具收縮性力量（陰性）的食物範例

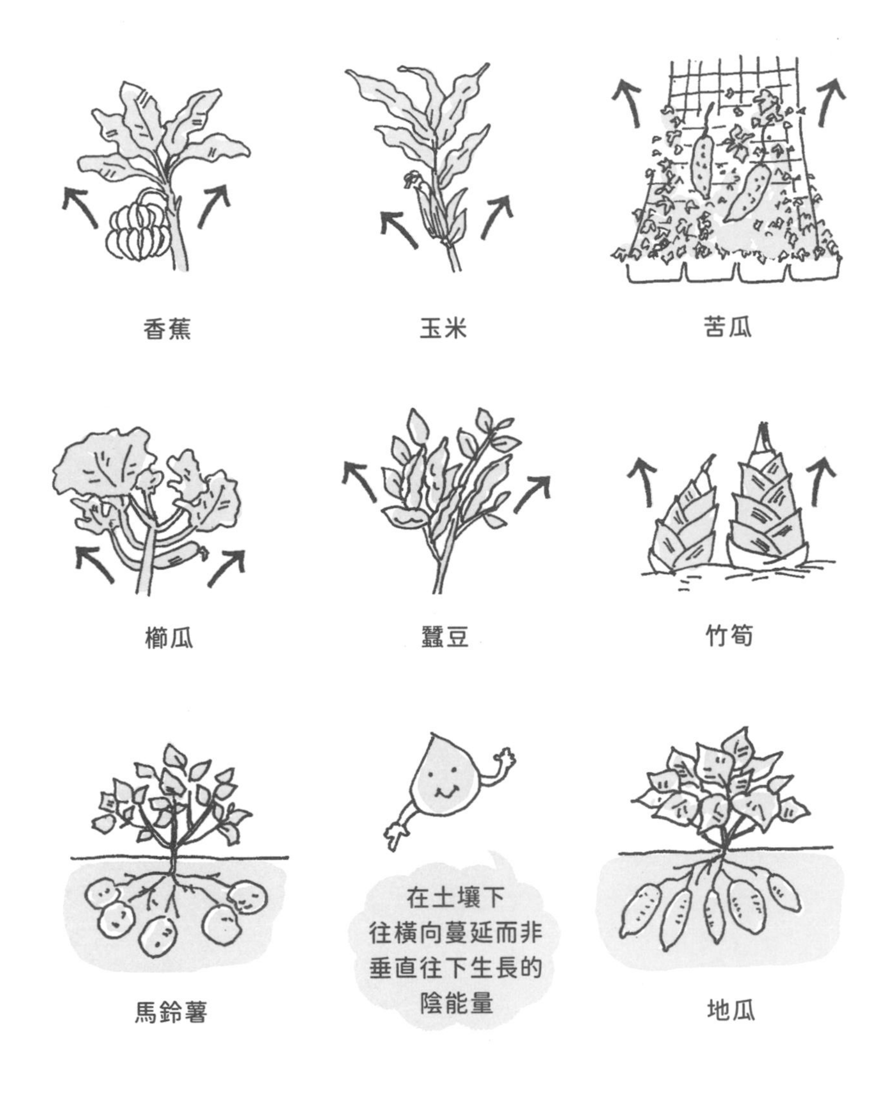

範例2　馬鈴薯咖哩……由於兩者皆具有較強的張性力量，須注意不要食用過量以免強壯張性力量。

青菜等具有恰到好處的輕鬆能量，絲毫不必擔心會使人過於鬆懈，希望大家每日積極攝取。

例　浸漬小松菜、和風芝麻涼拌春菊

由於在春夏時節，鬆懈和升浮之氣會變強大，植物會迅速地茁壯成長。也能在這個時節採收如西瓜等等富含水分、體積又大的水果。

這是大自然調和的能量餽贈給我們的恩典禮物。

番茄與茄子也是可於夏季採收的食物。這類張性力量強大的食物會冷卻身體。適度食用在炎熱的季節及地帶採收的食物來冷卻身體，是為了能夠舒適地度過炎熱季節的智慧。

在炎熱的國家，若無法聰明調節降低體溫，就無法健康有朝氣地生活。因此，製作咖哩和巧克力的原料原產地位於熱帶，就能讓人接受。符合在地食材，最適合當地居民的概念。

酸、甜、辛辣的口味，都是屬於張性力量強大的食物。

收縮性力量（陽性）

所謂的「收縮性力量（陽性）」，意指沉降、收縮、向內凝聚的能量。

想全神貫注、閉門仔細思索事情，溫暖身體儲備熱能、穩固記憶，這些時候，活用收縮性力量的能量，再適合不過了。

若能善用收縮性力量，便能帶來下列效果：

・身體溫暖。

・身體緊實。

・朝氣蓬勃、富有生氣與活力。

・有體力。
・能夠全神貫注。
・很會工作和唸書。
・不會感到疲倦。
・移動迅速。

一旦陽性能量過多，就會導致：
・身體變得過度僵硬。
・肩膀僵硬、頭痛。
・渾身發熱。

沉降
沉重
體積小
收縮
填塞在內
的能量

・熱到難以忍受。
・睡不著。
・急忙慌張。
・焦慮。
・變頑固。
・變得想說教、強迫他人。

以下為具有較多收縮性力量的主要食物：
・在秋冬時節成長。
・於寒冷地帶開花結果。
・堅硬。
・往下延伸成長。
・體積小。
・使用火。

根菜類、關東煮（經長時間加熱熬煮）、蕎麥麵（蕎麥種子）、肉類、蛋、魚類、鹽、醬油、味噌、醃梅子。以上皆為具有收縮性力量的食物。

關東煮可在冬季寒冷的時候儲備熱能，是一道吃了令人愉悅、暖到心裡、幫助我們恢復朝氣的暖心料理。

營養豐富的蕎麥，不僅是全穀物，也是能在寒冷地帶採收到的穀物。

通常人們都說，寒冷地帶的人口味很重，若能適度借助鹽與味噌之力，就能讓身體暖活起來，然而須特別注意鹽的品質以及勿攝取過量的鹽分。人體在冬季會偏好口味較濃的食物，這是順應季節變化的自然欲望。

肉類和蛋等陽性食物的消化所需時間較長，應留意勿攝取過量，亦可搭配幫助消化的食物一起食用。

為了避免能量過度收縮，**食用肉類和魚類時，可選擇蔥、薑等佐料和白蘿蔔、高麗菜等幫助消化的食物，或增添檸檬等的酸味，適度與具有使人鬆懈的**

食物搭配取得平衡。

在蔬菜方面，若單憑攝取萵苣、番茄、小黃瓜等**生菜沙拉，就會強化張性力量，加大體寒的作用。**

雖然對放鬆身體的效果不錯，然而光憑生菜沙拉是不夠的，也必須好好攝取具有收縮作用的蔬菜，可盡量在每日的飲食生活當中，食用使用根菜類的煮物、炒物和蒸物。

苦味和鹹味，會強壯收縮性力量。

具收縮性力量（陽性）的食物範例

醬菜（日式醃蘿蔔）

白蘿蔔脫水後變小，鹹味更強。

醃梅子

曬乾梅子脫水後，再加入鹽醃漬，成爲緊縮的形狀。想像品嚐一口，嘴巴噘在一起的模樣。

蒲公英　紅蘿蔔　野山藥

蒲公英的根部會往下延伸生長。
在歐洲，會將蒲公英根製成茶飲用。

此外，還有介於鬆懈和收縮之間，擁有極佳平衡被稱做平性的能量。例如，圓形形狀的蔬菜，如高麗菜、洋蔥、南瓜等；穀物、米、雜穀、蕎麥麵、小麥、海藻。

以上食物皆具有相當穩定的平性能量，為打造人類身體支柱與奠定發展根基的基本食材。製作每日餐點菜色時，須整體掌握均衡搭配活用平性、鬆懈、收縮性的食材，注意避免一味攝取或有過與不及的情形發生。

注意

是否太過收縮呢？

- 濃厚醬汁的漢堡排。
- 味噌鯖魚煮。
- 灑滿開胃香鬆的飯。
- 重鹹口味的味噌湯。

是否太過鬆懈呢？

- 生菜沙拉搭配市售的淋醬、酪梨、木瓜。
- 椰子等原產於熱帶的東西。
- 冰淇淋。
- 在冰涼的奶製品上加上砂糖、剉冰。

是否總是很極端的組合？

- 口味辛辣的零食。
- 燒肉。
- 啤酒。
- 巧克力芭菲。
- 漢堡。
- 香蕉奶昔。
- 冰沙。
- 咖啡。

食物陰陽屬性表

收縮性力量

陽

寒冷氣候　水分少　體積小　鹹
堅硬　　　火

糙米
稗子
小米

牛蒡
紅蘿蔔

鰹魚
醃梅子

蕎麥麵

蓮藕

鰻魚

天然鹽

烏賊

洋蔥

章魚

鮭魚

南瓜

海帶芽
昆布
羊栖菜

鯛魚

味噌

牡蠣

三年番茶 *

花蛤

極具收縮性力量的食材

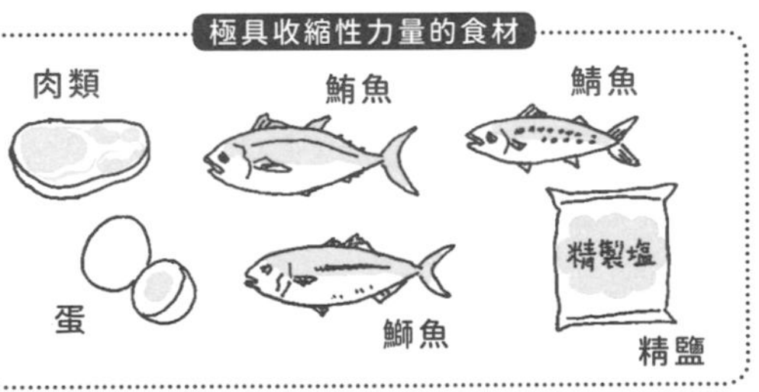

* 摘取自綠茶的茶葉與莖，經過日曬並加以乾燥，耗時 3 年的時間熟成後，再仔細用火慢慢烘烤。由於經過長時間的熟成，去除了如咖啡因等刺激性物質，喝起來溫和順口。

鬆懈力量

平性

炎熱氣候　水分多　體積大　辛辣
柔軟　水　甜味　酸味

茄子

小芋頭
地瓜

蔥

白蘿蔔

白米

香菇
番茄

蒟蒻

麻糬

白菜

竹筍

豆腐

馬鈴薯

素麵

小松菜

香蕉

大蒜
薑

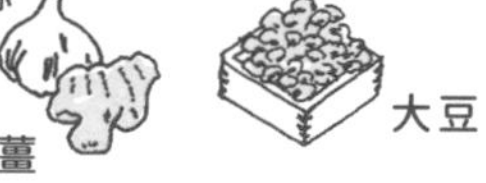
大豆

高麗菜

玉米

鳳梨

堅果

草莓

天然酵母麵包

米飴
甘酒

咖哩

橘子
蘋果

胡椒
辣椒

味醂　醋　油

飛龍頭＊

＊以捏碎的豆腐混和切碎的蔬菜捏成球狀後油炸，又稱油炸豆腐。

黑芝麻

碳酸果汁
零食點心

冰淇淋

紅豆

可幫助穩定能量的菜單

牛蒡金平、糙米飯、羊栖菜煮物、浸漬青菜、南瓜紅豆煮物、小黃瓜米糠醬菜。

有一點必須特別注意，不要讓張性力量（鬆懈）或收縮性力量（收縮）其中之一的力量過於強大。善用溫和的食材、思考在菜色中搭配組合，就能取得兩者之間的平衡。

迎合大自然節奏的早、午、晚餐菜單

張性力量和收縮性力量無時無刻地存在著，而且其能量會隨著時間帶的不同發生變化。

早晨到正午前的張性力量（升浮、擴張）很強，想像太陽升起及在早晨綻放的牽牛花的模樣，會更容易明白。

我們在早上起床時是不是會伸展筋骨？這也是張性力量。若在這段時間，老是拼命地攝取收縮性力量的食物的話，會變成什麼樣子？

早餐範例　烤得堅硬的麵包、香腸、荷包蛋

這些都具有強大的收縮性力量。

這些食物會硬化早晨通體舒暢的能量，導致容易便秘。如果是西式早餐，請務必試試增添一道蔬菜量豐富、口味清淡的湯品。

如果是日式早餐，

早餐範例

發芽糙米飯、米糠漬、味噌湯、當令水果

發芽的糙米具有使人通體舒暢的能量，相當適合做為一日輕快開始的早餐。米糠漬使用當季時蔬醃漬，夏季使用小黃瓜、冬天則使用白蘿蔔和紅蘿蔔醃漬，就能夠攝取恰到好處的舒暢能量。冬季時，可以食用醃漬得更入味透徹的日式醃蘿蔔乾，收縮效果加倍。

味噌湯的味噌具有收縮的效果，可以選擇穩定又有鬆懈效果的配料。味噌，雖然是無論小松菜、蔥、鴻喜菇等都全數接納的偉大調味料，早餐的味噌湯，可選用比午餐和晚餐的味噌湯更無負擔的配料。舉夏日早餐的味噌湯為例，可以使用萵苣和香菇，或芹菜搭配玉米做為配料。

若要在早餐食用當令水果，少量即可。**早晨選擇讓身體無負擔的食物，就**

能順暢度過鬆懈能量的時段。

早晨排出的如果是硬便，就會造成排便困難。倘若實行此種飲食方法，就能促進排便順暢，並且有效縮短如廁時間。

到了正午，張性力量達到最巔峰，就如同時鐘指針轉到12的最高點位置。人在本時段也變得相當地活躍，許多人也會不停地在外頭來回走動。

飲食的攝取，取決於活動量的多寡，活動量大的人，可以選擇份量多的食物。由於飯糰屬收縮的能量，因此建議早餐不要吃飯糰，可以改吃盛裝於碗內的鬆軟米飯，午餐以後，可食用飯糰和壽司卷物，也是不錯的選擇。

到了午後，隨著太陽逐漸西沉，能量也隨之收縮起來。

晚上應該會想吃比早上的味道更紮實、費時調理及加熱烹煮的食物，也會希望菜色的種類更加豐富。

夜晚的能量為沉降、收縮，營養能深入體內滋養身體。晚餐要準備最豐盛、種類豐富的菜餚，慢慢享用。

在擺列著精心製作的煮物、烤物、炸物和湯品等菜餚的餐桌前，請務必與共進晚餐的家人好好地聊聊當日發生的事。

與家人閒話家常的同時也富足了心靈，希望大家能一家團圓齊聚一堂，慢慢享用晚餐。

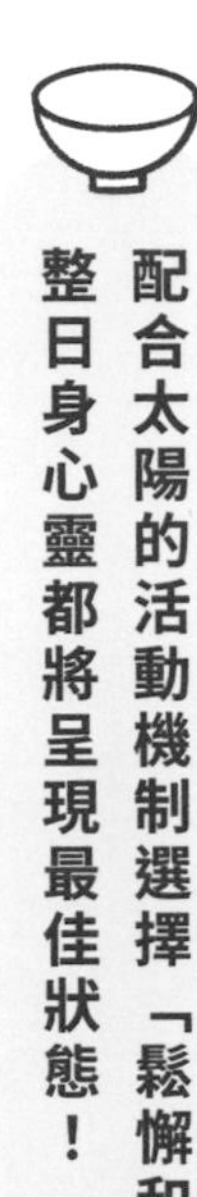

發揮一整年威力的四季飲食法

愛吃冰淇淋，就連冬天也不放過；香蕉為一整年的必備品、夏天就要狂吃燒肉，做為精力的來源！

無法感受到季節感的餐點和點心一旦增加，身體就無法跟上大自然的變化，導致經常罹患感冒或病毒性疾病。

人類順應季節的變化，是我們聰明舒適生活在大自然界中的秘訣。

我們會在夏季穿著短袖的服裝，在冬季時則會在毛衣上再披一件大衣。同理，飲食也必須順應季節而改變。

如此一來，不僅擴展了自己會做的料理種類，也增添不少食用樂趣。

無論是現代的小孩或大人，有眾多不分任何季節而感到身體有下列不適情形的人。

春……花粉症、五月病*、起不了床。
夏……中暑、夏日倦怠症、食慾不振。
秋……咳嗽、喉嚨沙啞、喉嚨疼痛、感冒、肌膚乾燥。
冬……凍瘡、體寒、感冒、流感。

春季有適合春季的吃法，夏季有適合夏季的吃法……，每個季節分別有適合各季節的吃法，若能持續遵循季節性的吃法，整個人就會精神百倍地活躍起來，彷彿就像會愛上所有季節一樣。

春

春季為張性力量增強的季節，食用如山菜和柑橘等能在日本採收的食材。為了排出體內毒素，減輕身體的負擔，應避免食用油膩的食物。據說從冬眠中甦醒的熊最先進食的是在春季採收的款冬，各位不妨品嚐看看。由於款冬的張性力量相對較強，因此建議少量食用，可加入味噌湯或先加以調味後再加熱烹煮，只要下點功夫就能穩定能量。

夏

小黃瓜、西瓜和毛豆等為當季蔬果，具有降體溫的作用。食用這些食材，彷彿就像可以不開冷氣般，舒適涼爽地度過炎炎夏日。

吃太多肉類的話，身體就會開始燥熱。玉米，也是相當推薦的食材。

秋

秋季為作物採收的季節。例如，剛收成的稻米和豆類相當美味。日本的幼稚園在遠足時會安排挖番薯的活動，孩子與媽媽將挖到的甘甜番薯做成番薯飯和點心，一同享受天倫樂趣。

秋季也是蓮藕的嚐鮮季節。蓮藕不僅潤肺，也富含維生素，甚至具有預防秋冬感冒的效果，不妨積極攝取。

＊五月病：日本的新學期和新會計年度時間是四月，在五月初很快又適逢「黃金週」的長假，導致不想去公司和學校。又稱為季節性懶惰症候群。

冬

冬季，為囤積脂肪、打造戰勝嚴寒的身體底子的季節。在飲食方面，會比平常的味道稍微重一點，就算是有點油也沒關係。再者，費時熬煮的食物，暖心又暖胃，整個身子都暖和起來。

會在鍋物料理中加肉的家庭，別忘了也要加入大量的當令白菜和蔥，以取得肉菜的平衡。關東煮、湯品、麻糬料理等等都是冬令時節的好夥伴，點心方面則可選擇年糕紅豆湯，不失為一項不錯的選擇。

依循不同季節，調整食物和飲食方法。

第 3 章

「依照不同類型」改變孩子的飲食生活啓發

——脾氣暴躁、悶悶不樂、神經質……依照不同煩惱類別的飲食對應法

從孩子喜愛的食物了解孩子的性格特質？
孩子的性格種類診斷

截自目前為止，本書已告訴各位，孩子吃下肚的食物，會對孩子的身心直接產生巨大的影響力。

倘若孩子已採取了適應現今的活動以及成長狀態中的均衡飲食生活，倒還令人放心，然而若持續著失衡的飲食生活，人體的內臟器官就會開始衰弱，導致諸事明顯不順遂的現象。

如果這麼想，媽媽所操煩的孩子的狀態，**並非只是孩子與生俱來的個性，極有可能是由於能量不足或失衡，亦有可能是選擇食物的方式失誤所造成的。**

首先，為了檢視孩子當下的狀態及體質，請勾選出下列符合的項目。

A～E之中，哪個字母的圈選數最多呢？

□ 總是悶悶不樂，憂心忡忡。難以付諸行動　E
□ 半夜猛跑廁所，常尿褲子　E
□ 害怕黑暗的地方等的膽小鬼　E
□ 很快就感到疲倦，一屁股坐下動也不動　C
□ 食量非常小　C
□ 早上爬不來，起床時心情不好　A
□ 身體冰冷（怕冷、手腳冰冷、有凍瘡）　E
□ 睡得很少（睡不著）、淺眠　B
□ 花粉症　A
□ 夏日倦怠症，不喜歡夏天　B
□ 常有骨折、扭傷、手指戳傷等受傷情形　E
□ 很多蛀牙　E
□ 視力從小就很差　A
□ 常鼻塞、容易卡痰　D

□扁桃腺時常腫起來　D

□咳嗽始終無法痊癒　D

□時常因為「明天就是○○了……真討厭，實在是不想去啊……」等理由而鬱卒　D

□認為反正自己就是辦不到，絕對是於事無補的……而對自己抱持著悲觀的態度　D

□大吼大叫，四處亂跑。容易情緒激動　B

□容易因驚慌失措而犯錯　B

□神經質　C

□擔心鬼，多半杞人憂天　C

□說話口齒不清，有口吃　B

□經常眨眼　A

□不喜歡濕氣。下雨天時容易感到情緒低落　C

□總是哭個不停　D

A最多……脾氣暴躁易怒型。
B最多……馬上就變得興奮不已的心臟怦怦直跳型。
C最多……鬱鬱寡歡的消化不良型。
D最多……唉聲嘆氣的哀愁型。
E最多……害怕顫抖的膽小鬼型。

A 脾氣暴躁易怒型

也就是五臟（肝、心、脾、肺、腎）中的「肝臟」呈現出疲弱的現象。東洋醫學將憤怒的情緒以「動肝火」和「肝疼」來表現。一旦肝臟硬化腫大，就會開始心煩氣躁。

一旦食用過多的肉類、蛋、起司等具有強大收縮性力量的動物性蛋白質食品，就會促使肝臟收縮使其硬化，此時倘若又吃進了大量具有張性力量的砂糖

和藥的話，就會像引發爆炸的火柴點火一樣，「突然暴怒抓狂」。

由於肝臟與眼睛經絡相連，有著密不可分的關係。因此，例如：視力差、視力模糊、刺眼等症狀，多為肝臟所引起。

特別是春季為肝臟運作活躍的季節，**因此若在春季時常感到身體不適的話，可以先懷疑是否是肝臟疲弱。**

有很多現代的孩子，會在春季出現眼睛搔癢、過敏症狀、以及眼屎多的情況。肝臟是幫助人體從事諸多工作的臟器，尤以淨化血液為重要的工作。血液若呈現混濁狀態，體內會出現如同塞車般的阻塞現象，容易引發身體不適。

血液汙濁，血液循環不良，導致自律神經失調，進而容易產生五月病*、拒絕上學以及憂鬱的症狀。

應確認孩子是否吃了大量容易使血液汙濁的食物，選擇能夠淨化血液的飲食方法。

此類型孩子喜愛的食物清單

- 油膩的食物……漢堡排、牛排、咖哩、灑滿起司的比薩、拉麵、燒肉、炸物、火腿、香腸、蛋包飯。
- 點心……零食、蛋糕、冰淇淋、巧克力。
- 有食品添加物的食品。
- 吃完飯後想再增添的是配菜多過於飯。
- 薄脆餅乾、米果等又乾又硬的東西。
- 美乃滋、奶油、起司等脂肪及膽固醇多的東西。

*「五月病」起源於日本，四月末五月初長達一週左右是日本黃金週假期，這個假期後日本的上班族很容易出現厭倦易疲乏的情緒問題。所以，「五月病」又稱假期後症候群或假期後綜合症，主要表現為無法集中精力學習。

喜歡肉類、嗜吃重口味、喜好又乾又硬的陽性食物，會強大收縮的能量，使身體處於痛苦的狀態。想要為變得太過僵硬的能量做點什麼，有可能反而會因此大量攝取了陰性強的甜食。

下列我將為各位介紹適度軟化過度收縮的肝臟的飲食方法。

建議飲食方法

- 熱騰騰的東西。
- 剛完成的料理。
- 也需攝取未經調味或汆燙、蒸蔬菜。
- 口味要清淡。
- 補充如：柑橘、醋和醃梅子等的酸味。
- 多使用白蘿蔔，如：蘿蔔乾、白蘿蔔泥，以煮、汆燙、煎烤等各式各樣的調理法烹調。
- 食用肉類時，搭配薑、大蒜、蔥、洋蔥、韭菜等組合吃。

・積極攝取如小松菜、青江菜、春菊等綠色蔬菜。
・享用適量的柑橘類水果，如：橘子、八朔橘、伊予柑、夏蜜柑等都是具有保護肝臟作用且帶酸味的水果。
・味噌蜆湯。

過度收縮的能量是會讓身體僵硬往下沉的。請試著想像一下輕輕往上抬起的樣子。

為了不讓對身體產生負擔沉重的肉類、起司、蛋、重口味調味的食物太過陽性，就須借助恰到好處的陰性張性力量來調和。

張開大口吃下未經任何調味、剛汆燙好的新鮮青菜就有調和的作用。如前述口味清淡的飲食方法之例，只要這道燙青菜即能帶來相當多的益處。並非青花菜就一定要沾美乃滋，什麼都不沾的青花菜依舊相當美味。

由於冷凍蔬菜無法釋出美味，請務必使用新鮮的蔬菜立即烹調，也可試著讓孩子手握剛蒸好微溫的蔬菜，體驗一下食材的不同觸感。

此時，孩子臉上綻放出覺得「真好吃！」的笑容，想必相當地柔和，絕對不會黯淡無光。

另外，醃梅子的酸味雖然對肝臟而言相當好，然而由於比較鹹，在給予幼兒食用的時候可以花點巧思，另外捏少許的量，或浸泡在水裡去除鹽分後再給予食用。

我們也能從日常行為，檢視身體能量的過與不及。

繭居在家足不出戶、老是待在狹小的地方（打電動或看漫畫等），體質就會變成陽性能量。而且，老是注視著像電動遊戲般速度感的東西，眼睛就會感到疲憊、導致神經亢奮而靜不下心。

因此，請務必騰出能與大自然和樂相處的時間。嘗試種種花草或蔬菜，也不失為一個好方法。另外，也要增加孩子在公園玩耍的機會。或與家人一起從事休閒活動，可到山上、河邊或海邊等充滿大自然的地方，好好活動筋骨，悠閒地度過與家人共處的時光。相信大家一定會感同身受，覺得心情變得輕鬆許多！

接下來，讓我來介紹發生在一名小女孩小A身上的變化。

媽媽相當忙碌的小A，總是和年齡相仿的妹妹在家玩耍，不是安靜地玩電動就是看電視。小A，也是個會著色或畫畫的室內派。

點心固定吃的是零食，媽媽也常買比較健康一點的米果給小A姊妹們吃。

正餐方面，多半使用罐頭或食物調理包，新鮮蔬菜的攝取嚴重不足。

小A超愛咖哩的食物調理包、容易感到疲倦、氣色很差、偏愛重口味、容易因為姊妹常吵架而煩躁不安等等，都讓小A的媽媽煩憂不已。

於是，小A的媽媽來上我的料理教室，認真學習做菜和與能量有關的知識，終於改善了生活！

- 假日的休閒活動是露營、健行。
- 露營時，家族總動員一起動手做菜。
- 在陽台種花，讓孩子負責澆花的工作。
- 盡量不要都給乾燥的零食點心，可以動手做果凍和以甘酒製作的甜點。
- 在飯前空腹時讓孩子吃青菜或剛蒸好的蔬菜，使其察覺到蔬菜的美味。
- 逐漸讓孩子習慣清淡的口味。

・為了防止孩子吃太多點心，隨時準備好飯糰備用。
・參加兒童料理教室培養了自信的小A，開始會自己製作馬芬和點心。

小A的媽媽內心充滿喜悅，因為小A個性變得開朗茁壯成長，也不再因為煩躁不安而動手打妹妹了！

藉由清淡的口味、青菜、肉類以及防止吃過量零食的方法，鬆懈太過緊繃的「肝臟」。

B 馬上就變得興奮不已的心臟怦怦直跳型

這是太過興奮無法平心靜氣型。常被提醒要「安靜一點！不要亂跑！」的類型。

行為舉止輕率、愛開玩笑、會做被大家嘲笑的事。臉很容易發紅，討厭夏天，無法好好散熱，進而引發中暑和脫水症狀，在炎熱天時說他不想出門，也不愛泡熱水澡、揮汗如雨很怕熱、不能沒有冷氣。有許多因為難以獲得優質的睡眠，而經常感到疲倦、嗜睡的孩子。

這是五臟中的「心臟」處於有負擔的狀態。個性開朗，是個會帶動氣氛的孩子固然是件好事，然而過於欣喜若狂的話，就會對心臟造成負擔。

如果能開心、歡笑、感動卻不帶興奮的情緒，是最理想不過了。**若一直處於忐忑不安的情緒，就會增加焦慮以及犯錯的機會，做事也會粗心草率。上述狀況皆能藉由穩定能量，改善情況。**

此類型孩子喜愛的食物清單

- 刺激性的食物……辛辣食物，如：咖哩、辣椒、香料、零食等。
- 巧克力、添加大量砂糖的零食點心。
- 碳酸甜飲料。
- 炸物。
- 燒肉。
- 吃很多水果。
- 吃很多漢堡排、烤雞肉串、煎餃、玉子燒、烤魚等有焦塊的食物。
- 火腿、明太子（造成「心臟」負擔的紅色食品）。
- 南國水果……香蕉、木瓜、芒果、鳳梨。

心臟是讓血液循環的重要幫浦，也是主宰心（精神）的地方。

倘若血液和體溫發生問題，進而形成意識、思考、睡眠等障礙，可以視為是由心臟疲弱所造成的。

炎熱夏季非常容易消耗體力，倘若能好好地散熱，讓血液循環順暢，就能預防中暑和夏日倦怠症。

下列為各位介紹**不讓熱氣充斥於體內的飲食方法**。

建議飲食方法

- 深綠色蔬菜……芹菜、白蘿蔔葉、紫蘇等。
- 帶苦味的食物……苦瓜、芝麻、糙米咖啡、蒲公英咖啡(此兩種咖啡皆不含咖啡因)。
- 對心臟有益的苦味……艾草、款冬、油菜花等。
- 使用有改善心臟運作成分的鹽滷所製作的豆腐。
- 天然鹽、醬油、醃梅子(強化心臟)。
- 梅醬番茶(在三年番茶中加入拍碎的醃梅子，混和醬油和少量生薑汁的茶)。
- 對心臟有助益的紅色食品……紅蘿蔔、醃梅子、豆味噌(紅味噌)、西瓜。
- 小黃瓜、番茄、埃及國王菜、青椒、秋葵等夏季蔬菜(由於有冷卻身體的功效，須注意食用量，可加入鹽和味噌以取得平衡)。
- 玉米。

當季食材，蘊含著能舒適地度過該季節的豐富能量。

有體寒症的人就不要一味地吃生番茄，應採煎烤或燉煮的方式烹調食用。嘴裡嚷嚷著「好熱！」而吃掉大量味道濃郁的肉，結果變得口乾舌燥，又喝果汁和吃冰，這樣的飲食方式將導致極端的陰陽，容易造成陰陽失衡的現象。

若是上述那樣的話，**適量地攝取夏季蔬菜就能適度冷卻身體。**

我的料理教室的學員告訴我，她以前曾在電視上看過中國人在活動現場排隊時，並不是咕嚕咕嚕地喝下碳酸飲料，竟然是啃小黃瓜。原來，從古至今中國人一直明白緩和調節降低身體熱氣的方法。整日猛吹冷氣，身體就無法發揮自動調節體溫的作用，會產生倦怠感。

昔日，日本人會以坐在日式建築的走廊上，吃西瓜聆聽風鈴吹動的聲音納涼。倘若能透過飲食方式和生活方式，以自然的方式調整體溫，就能減輕身體的負擔。

再讓我們思考一下，在日常生活中能夠穩定亢奮情緒的生活智慧。

・不要經常置身於有電視、音樂、電影等聲音的狀態。營造無聲的時間，也是必要的。

- 盡量不要一直接觸有速度感的東西（交通工具、遊戲、電影等），以及置身於充滿刺激的環境（吵雜的場所或深夜外出等）。
- 睡前放慢步調，安靜閱讀，讓心情沉澱下來，唸繪本給孩子聽是最好的睡前活動。
- 白天充分活動筋骨，夜晚睡得香甜。
- 晚餐盡量不要太晚吃。
- 要細嚼慢嚥，避免吃太快。
- 好好地泡個熱水澡。

避免食用如火腿和明太子等造成「心臟」負擔的紅色食品，改為食用對「心臟」有助益的紅蘿蔔、醃梅子、紅味噌和西瓜等紅色食品。

C 鬱鬱寡歡的消化不良型

孩子若吃了與一般成人相同食量的東西，就會消化不良，使胃不舒服。特別是一旦攝取了過多的蛋白質，身體就會感到沉重。

腸胃脆弱，容易疲倦。常見於神經質和完美主義的孩子身上。緊張感攀升，一有壓力就會反應在胃上。時常全身覺得使不出幹勁，想太多且操心過度，一煩惱起來就沒有食慾……。

這表示五臟中的「脾臟」、腸胃和胰臟等等與消化息息相關的器官顯現疲弱。胃、胰臟、脾臟扮演著消化吸收，以及從吃下肚的食物當中獲取人體所需的營養並輸送至全身的角色。

東洋醫學上認為「氣、血、水」三種物質是維持生命力相當重要的部分。氣、血、水一旦停滯不前，氣的能量就無法揮散至全身，便會讓人變得無精打采、低血壓以及感到身體很沉重。

由於我們每天都需要吃飯，絕不能放任每次胃部羸弱時，導致消化不良的狀態不管。此時必須重新檢視會對胃造成負擔的飲食方式，打造一個健康強壯的胃。

此類型孩子喜愛的食物清單

- 零食點心等甜的東西。
- 水果。
- 砂糖、蜂蜜、巧克力。
- 雖然體型纖瘦，卻是個小吃貨。
- 奶製品。
- 攝取大量的水分。

也有因為消化吸收能力低弱，即便吃了很多仍胖不了的人。直至食物營養已經被吸收為止，大腦會一直發出「還不夠，要繼續吃」的訊號，因此往往會導致一不小心吃太多的狀況。此類型的孩子於飯後，一定會想要來份甜點。

請務必努力讓孩子花些時間充分咀嚼、好好地品嚐食物。

如第1章所說明，甜的東西並不僅限於砂糖和水果。可花心思下點功夫讓孩子品嚐穀物和蔬菜，讓孩子也能滿足食材本身所具備的溫和又天然的甘甜。

加了鹽的蒸南瓜、高麗菜洋蔥味噌湯、大豆蔬菜湯等等，這類料理也都能讓孩子享受到令人安心的甜味，也有助於消化。

建議飲食方法

- 燉煮、開火加熱的食物。
- 如高湯燉蘿蔔、蘿蔔乾等白蘿蔔料理。
- 選用南瓜、地瓜、栗子等帶有甜味的食材。
- 糙米麻糬（與白蘿蔔泥搭配食用，或加在湯品和鍋物料理內）。
- 想要有甜味的時候，可使用米飴、糙米米飴、甘酒。
- 注意勿攝取過量的水分，因為過量會稀釋胃液，使消化能力變差。
- 以有機蔬菜的活力充沛的能量和天然的甘甜為佳。
- 攝取如根莖類蔬菜、葛根、野山藥等帶根的食材，鍛鍊強化身體的支柱
- 8分飽，給胃能好好休息的時間。

- 以飯和味噌湯為基本菜色，好好鍛鍊身體的軸心（胃在身體正中央的位置，在身體軸心的部位）。
- 發酵食品。

請留意不要攝取過量會對「胃」造成負擔的甜食和過多的水分，以提升消化吸收的能力。

D 唉聲嘆氣的哀愁型

時常唉聲嘆氣；心情鬱悶，老是提不起勁，因為悲傷而潸然落淚，多愁善感，對事物的看法很悲觀。

這是五臟中的「肺部」顯現疲弱的類型。

孩子有鼻水、鼻塞、肌膚透白的狀況。在秋天飽受咳嗽和感冒所苦，有氣喘、支氣管炎、或是喉嚨容易紅腫，扁桃腺功能低下、肌膚乾燥等情況。以上都是肺部受到汙染所引發的症狀。

東洋醫學認為肺部與鼻子有著密不可分的關係，因此鼻水、咳嗽、痰都意味著肺部有髒汙。

喝太多牛奶，就會在身體殘留難以分解的蛋白質和脂肪，形成髒汙。有許多人因為喜愛奶製品而罹患過敏性鼻炎。蛋和白砂糖也是鼻塞的原因，而奶、蛋、砂糖又是西式點心的三大成分。在食物豐足的現代，有必要再三確認這些東西是否過量攝取。

此類型孩子喜愛的食物清單

- 牛奶、起司、優格、生奶油、冰淇淋。
- 滑順濃郁奶油狀的東西……白醬、奶油起司、焗烤、白醬燉菜等。
- 添加大量奶油和蛋的西式甜點。
- 甜果汁。
- 油膩的東西……炸物、零嘴。
- 小麥粉……麵包、蛋糕、餅乾、大阪燒等。
- 吃很多燒肉、烤魚、炒物。

建議飲食方法

- 蓮藕（潤肺、富含維生素，營養價值高。是咳嗽和喉嚨問題的救世主）。
- 含水分的東西……浸漬蔬菜、湯品。
- 蒸過的東西……蒸蔬菜、蒸菓子、蒸麵包。

・以寒天製作的寒天果凍、水羊羹等點心。
・葛粉。
・小芋頭。
・白蘿蔔。
・蔥類……蔥、洋蔥。
・薑（作為佐料少量添加）。
・與其吃精製麵包和白飯不如選擇未精製過的全粒穀物，如：雜穀、糙米、黑麥。
・根莖類……牛蒡、紅蘿蔔連皮一起食用（非常推薦牛蒡金平）。

特別必須注意的是要減少白色的東西。以前有「三白害人」一說，警告我們只要吃了白砂糖、白麵粉、白米等白色的食物，身體就會虛弱。盡量不要只吃白色的食物，應選擇同樣擁有高能量介於咖啡色到黑色之間的食物。

雖然我希望各位能避免刺激性強的激辣食物，大家可以選擇比咖哩、韓國泡菜、明太子等更溫和的辣味食物，以白蘿蔔、薑、和蔥的辣味較為理想。

重新檢視與「肺部」髒污有關的奶製品攝取量，並且盡量選擇咖啡色和黑色的食材，避免白砂糖、白麵包、白米等白色食材。

E 害怕顫抖的膽小鬼型

五臟中的「腎臟」顯現了疲弱。腎臟，是與懼怕有關的臟器。腎臟疲弱，多半會引發懼高症、幽閉恐懼症、怕生、足不出戶、作惡夢等令人心生「恐懼」的想法。

會經常感到不安，懷抱著一顆恐懼的心，優柔寡斷、沒自信、提不起幹勁。有黑眼圈、手腳溼答答排汗功能差、會打呼、說夢話等狀況。

與腎臟相連的身體部位是耳朵。重聽、中耳炎等耳朵問題、耳鳴……等等，有可能是由腎臟疲弱所引發。

另一方面，擁有耳垂大福氣耳的人，是天生腎臟功能就強的人。

時常可見高齡人士擁有一對福耳，對照看現今耳垂小的孩子好像還挺多的，這似乎牽涉到媽媽是否給予孩子含有礦物質等營養豐富的食物。

此類型孩子喜愛的食物清單

- 添加大量砂糖的點心零食。
- 甜甜的水果。
- 藥、人工食品、添加物。
- 冰涼的東西（果汁、冰淇淋、加了冰塊的飲料）。
- 攝取過量的蛋白質（特別是動物性蛋白質）。
- 菠菜和青椒（因富含草酸，容易形成結石）。

腎臟與骨骼也有著密不可分的關係。一旦腎臟疲弱，就會容易受傷，也容易形成蛀牙。

甜食會造成蛀牙一說，是由於白砂糖在人體中消化時會消耗體內的鈣質，導致血液中的鈣質含量不足，轉而消耗骨骼和牙齒中的鈣質。

精製過的砂糖幾乎未保留任何營養，因此會消耗體內的礦物質。倘若孩子常受傷，或有很多蛀牙，請先重新檢視孩子是否攝取了過量的砂糖。

體寒症的人，其特徵在腎臟疲弱。由於腎臟不耐寒冷，因此容易會在冬天加重負擔。在冬天，須要特別注意孩子是否攝取過多冰冷以及會冷卻身體的食物。在冬天開暖氣享用浮滿冰塊的果汁、冰淇淋、熱帶水果等食物的話，就會聽到腎臟的痛苦哀號。

水分代謝不佳則會導致浮腫、頻跑廁所，甚至常有漏尿的情形出現，因此須注意不要攝取過多的水分。

建議飲食方法

要保養腎臟，首先很重要的一件事就是要注意鹽分的多寡。除了應該給予孩子口味清淡、鹹度適中的食物之外，還要攝取品質優良的鹽。

由於精製鹽有升高血壓的風險，應選擇含鹽鹵的天然鹽。天然鹽蘊含著溫暖身體的能量，也是對抗體寒症的好東西。

- 蕎麥麵。
- 黑豆。
- 黑米。

・紅豆。

・昆布。

・高野豆腐＊。

・熬煮製成的東西，如：關東煮、湯品等。

・羊栖菜。

要強壯「腎臟」，必須避免冰冷的東西，並且選用含鹽滷的天然鹽。

＊高野豆腐：質地較為細緻的日本凍豆腐。

第4章

孩子和媽媽全都幸福滿滿！

——源自廚房的育兒革命決定孩子的一生！

「食物」選擇能力的養育方法

手作飯糰傳達給孩子的要緊事

由於飯糰模具很方便，或是基於衛生考量，不用手捏製飯糰而改用保鮮膜的人正與日俱增。

一提到「飯糰」，浮現在我腦海中的是我母親用沾了鹽的雙手，親手捏製的形狀稍大的飯糰。當時的我只是個小孩子，雖然覺得飯糰似乎有點太大了，卻仍感受到被母愛包圍的溫暖。

有一次母親生病，不巧剛好是幼稚園的遠足活動，那時候，祖母來家裡為我捏製飯糰。不用說，祖母為我親手捏製飯糰這件事也令我開心不已。這是出自最親近且重要的人之手的東西。

飯糰還蘊含著不可動搖的情感。正如同「手當*」，利用從手部發出的「氣」

*手當：日文中有「治療」的意思，用掌心和指尖碰觸摩擦患部的一種治療處置法。

的能量慰藉、醫治、支持他人。

因此，簡單樸實的飯糰不僅吃不膩，更是一個在任何時候吃了都開心的特別的東西。從現在開始，各位是否願意多煮一點的飯量呢？可以經常將剩飯捏製成飯糰，作為點心、午餐、外出之際食用。如此以來，便能減少在便利商店購買飯糰的機會。

冷掉的飯糰總是令人備感溫暖的原因，在於能感覺到捏製飯糰的人對我們的愛。

罐頭、冷凍食品、袋裝零食糖果等，不利孩子成長的食物一旦多了起來……

孩子相當適合「無拘無束、自由自在」的詞彙。

如果希望孩子能精力充沛地活動身體，擁有一顆不受限制的心盡情活動的話，就請準備好能幫助孩子茁壯成長的食物。

・罐頭食品。

・冷凍食品。

・冷凍乾燥食品。

・真空包裝食品。

・買回來的袋裝零食糖果。

不利孩子成長的食物一旦多了起來，感覺背部就像快要挺不直一樣，無法盡情痛快地散發能量。

總是一味吃不是剛做好的東西，以及絲毫感受不到生命氣息的食物。雖然這些食物相當方便，卻無法讓我們得到心靈上的滿足，請務必留意上述食品的食用量不可變多。

一直吃罐頭食品↓心胸也會變得狹隘。
一直吃冷凍食品↓身心都畏寒，變成毫無感動的人。
一直吃真空包裝食品↓呼吸淺短。

各位只要想像一下這些形象，就會感到大吃一驚。

剛做好的。
剛燙好的。
剛煮好的。

上述的食物又會帶來什麼意涵呢？

鬆軟的。
暖呼呼的。
熱騰騰的。
瀰漫著香氣……
這些意涵，似乎都能激發孩子的幹勁和提升能量喔！

舒暢的能量，可使孩子更加活躍！

買回來的點心，只需再多費一番功夫，就可以使能量加倍！

手工點心，深受大家喜愛。只要減少甜味和脂肪量就能搖身一變為健康的點心，還能自行選擇安心又安全的原料。

再來，就是媽媽親手製作的點心，能夠帶給孩子滿心的歡喜與驚喜。親子一起動手做點心，可以留下永恆的歡樂回憶，建議各位務必試試看。

只不過，倘若無法每日動手做點心，只能給予市售點心的話，請盡量將點心盛裝於盤子裡再給孩子吃。

不要整袋或整包遞給孩子，而是取適量盛裝於盤子裡，飲料也是要倒入杯子或玻璃杯裡，光是這麼做就能得到心靈上的豐足，同時也得到來自媽媽所灌注的滿滿的愛。有許多人感覺直接整包吃，好像有點寂寞、沒有溫暖、會不小心吃過量。

零食點心對孩子而言，也算是一個樂趣。不光是正餐，就連零食點心也要下一點功夫，不讓孩子心生寂寞或感到空虛，進而提升滿足感！

只要將買回來的東西費一番功夫，多少也能將媽媽（人）的「氣」灌注到其中。

獻給苦惱於「孩子不吃東西」的媽媽

我曾舉辦過從3歲至小學男女生皆可參加的料理教室，讓許多來參加的孩子們眼睛為之一亮。

大家都對做菜感到興致勃勃，想認識料理，也有想自己親手做做看的心情。

平常，有相當多的孩子基於危險為理由，沒有拿過菜刀，但是在我的料理教室則是先告訴孩子們「從2歲開始就能拿菜刀喔！」。

話一說完，所有小朋友們都欣喜若狂。大家都很認真地聽我說話，一邊遵守約定，一邊進行料理的程序作業。為了安全起見，一開始我會仔細說明菜刀的拿法和使用方法。於是，孩子們馬上就牢牢記住重點，甚至出現了會提醒媽媽要注意擺放菜刀方式的孩子。

料理本身，就是培養專注力的大好機會。這是由於做菜時，必須留意不要切到手指、要注意用火，以及掌握處理程序的時機……等等的緣故。

而且，在我的料理教室中所做的菜是「希望孩子吃」的料理，而不是以「受孩子歡迎」為目的的料理。

製作的料理當中有糙米飯、燉煮款冬、日式蘿蔔乾等，也有許多帶有澀味的菜餚登場，當然我也採用適合孩子的調味和組合的調理法指導孩子製作。

現在就斷定「孩子不吃這些東西」還太早。孩子會相當珍惜地吃下自己親手做的菜。孩子們也會對季節與食材有關的話題，眼睛為之一亮。**當季、天然、具有高能量的食材，孩子也會樂意品嚐其中美味。**請各位務必增加讓孩子從小與家長一起親手做菜的經驗。

讓孩子記得做菜的樂趣，是最具效果的食育方法。況且自己親手做菜所獲得的成就感，也有助孩子建立自信。

倘若小小廚師的人數增加，就代表會有更多健康的孩子，實現自我的孩子也會隨之增加。

要讓孩子變得會吃，創造讓他做菜的經驗才是捷徑！請務必帶著孩子一同採買，增加孩子關心食材的機會。

培養孩子「自行選擇食物的能力」

每個孩子都是天才，是個時常溫柔教導大人重要事情的寶貝。與大人相比，他們有著全新的身體與頭腦，眼睛閃閃發亮清瑩透澈，也很擅長感受純粹天然的能量。如果有眼神混濁的孩子那就糟糕了，大人應該會希望他的眼睛立刻恢復清澈明亮吧。

恐怕有許多已經完全適應現代凡事講求快速的社會，電玩、電視、手機等電子產品用起來得心應手，正餐也理所當然地吃著與天然食物背道而馳的冷凍食品、冷凍乾燥食品、速食等等的孩子。即使事實如此，還是能從中切入扭轉現況的方法。

越是給孩子刺激性強烈的東西，孩子就越會欣然接受那些東西。

況且這些有成癮性的東西（電玩成癮、砂糖成癮……）都具有習慣性，成癮的特性在使人更想要，想要得更多、更強烈，渴求慾望的情形將日益增加。

懷疑自己的孩子是否正處於成癮沉迷階段的媽媽們，請不要放棄。我們可以透過努力和巧思，開開心心地引領孩子重回成長的正軌。

能切切實實品嚐天然的味道和孩子身體所需的能量時，是很美好的經歷過程！孩子透過不斷體驗的過程中，會自然而然逐漸體會到一旦選擇了天然的味道，就會幫助自己的身心維持良好的狀態，並且不會感到疲倦，而在下一次也會做出合適的選擇。

鍛鍊孩子的選擇能力，就能親身體會「成功」次數的增加！

重新檢視調味

日常生活中頻繁使用市售醬汁、重口味、常吃外食，這些都會使孩子的味覺變遲鈍，孩子也會經常感到口渴而想喝果汁和吃冰。

〇〇醬汁、〜之素*等諸如此類的市售醬汁是基本配備的家庭，可試試看在家備齊品質優良的調味料。

貨真價實的調味料……遵循傳統製法，不添加多餘無用的添加物和防腐劑。雖然價格偏高，卻會帶來諸多令人開心的效果。

・**帶來不同層次的美味。**享受多層次深度的鮮味和甜味。有助提高廚藝水準。

*〜之素：調味料。

・**少量就能心滿意足**。由於味道絕佳，無需灑上大量的調味料，只要少許的量就能發揮畫龍點睛的作用。可有效防止過量的調味料及鹽分的攝取。

・**幫助調理身體**。貨真價實的調味料，其目的並非僅止於調味，還可以幫助調理身體，有如取代藥引一般的存在。使用日本引以為傲的發酵技術釀造的醬油和味噌當中所含的營養素吃進體內，支持著孩子們的日常活動。

・**改變血液**。調味料是每日攝取的東西，長期累積下來有足夠的量可以影響身體。

希望各位能謹慎挑選。

・**成為識貨、明辨真材實料的孩子**。孩子會開始對原材料品質和調理法等妨礙健康的東西，以及會導致身體失衡的東西變得敏感，如此下來即可避免吃太多。

改變調味料，就會改變料理的風味！就連吃後的滿足感也迴然不同！

食育孕育出嶄新的親子關係

各位是否每日都與家人一起聊聊與食物有關的話題？只要好好珍惜食物，每日在餐桌前就會有五花八門的食材、料理以及調理法相關的話題可聊。從傳統節慶和食物的關係、地域性料理、名產地等話題一直延伸到歷史和地理，孩子應該都會相當感興趣吧。

番薯的日文是「薩摩芋」，起源於薩摩（現在的鹿兒島縣），故以此地名命名。

在江戶時代，薩摩比江戶更早開始種植番薯。有一說，是為了因應層出不窮的飢荒問題，因此從薩摩攜帶番薯到江戶種植。比江戶更早種植番薯的薩摩，把番薯稱作琉球芋，這是由於番薯原先是來自於琉球（現在的沖繩縣）。

當時的沖繩，又把番薯稱作唐芋，因為是由中國唐朝（唐為當時的通稱）傳入的。如同上述，番薯以進口地稱呼，之後就統一為薩摩芋。

唐芋↓琉球芋↓薩摩芋。

以這樣的進口途徑進入江戶，並拓展種植地域的番薯其實還有其他稱呼。

有句諺語：「九里四里（諧音：比栗子）好吃莫若十三里」。又甜又可口的番薯比栗子還美味，因此把番薯稱作十三里。又有一說，是離江戶剛好有十三里*距離的川越，是便宜又美味的番薯產地。也有取自川越這個地名，因此被稱作川越芋。

這些話題，都是邊吃邊快樂地記起來的。一邊享用美味的餐點和點心，自然而然地就能學到東西……這才是名符其實的食育。

食育並非填鴨式的教育，很重要的一點，就是食育是在與家人開心對話中自然習得，也是每天都能與家人好好相聚在一起的最佳驗證。在能持續以這種方式施行食育的學員的孩子們身上，確確實實地發生了一些變化。

*一里＝3.9公里。

媽媽們的話

「**兒子總是跟我要求他想要吃外食**。他以前超愛在外頭用餐。我認為應該歸咎於我讓他習慣了重口味的東西，以及我沒有花心思在做菜上的關係。我一定會複習在料理教室學做的菜，當我越做越好之後，吃外食的次數便減少了。就連看起來純樸又不起眼的配菜也吃個精光。於是，**我發現兒子變得比以往更沉穩、更不易感到疲倦、也不太會感冒了**。當我買了品質好的蔬菜和豆腐，兒子竟然能夠馬上察覺到：『味道跟之前吃的不一樣！這個比較好吃呢！』，真是令我大吃一驚。原本兒子待在家裡的時間比較長，現在會到外面動動身體，也會精力充沛地玩耍。」（Y媽媽的孩子，小學3年級的男生）

「為了女兒應試，我花了整整一年的時間思索並為她準備了均衡的飲食。女兒以前最愛吃蛋糕店的甜點，但是就在我先讓她吃了在料理教室課程中所學的純樸點心之後，出乎我意料之外的是她竟然開心地吃下肚，因此之後**就母女一起動手做做看了。於是，女兒更加開心，也會自己開始製作**。漸漸地，女兒就不再去蛋糕店，現在則是完全不去了。考試結束後，女兒順利考上志願學校。為了慰勞她，我訂了她以前喜愛的餐廳的牛排和芭菲。結果女兒竟然跟我說：『我已經不太需要這些東西了。還是媽媽幫我做的好吃啊』。我認為這是由於女兒的**味覺改變，開始明白吃什麼樣的食物對自己的身心狀況最有益的關係。**」

（K媽媽的孩子，國中1年級的女生）

「雖然我認為時間還太早，當我端出調整成清淡口味的牛蒡金平，女兒竟然欣喜若狂。我很訝異她竟然會吃這種東西。我自以為她會喜歡類似兒童餐的東西，原來她會大口大口地吃下**健康的日式料理和純樸豪不起眼的東西呢。以往只要是冬天就會一直感冒**，今年我們全家都沒人感冒！」

（M媽媽的孩子，2歲的女生）

「我和兒子去一位在上老師料理教室（MacroUtase，我的教室）的朋友家玩，兒子非常喜歡朋友給我們吃的飯糰、烏龍麵、萩餅＊、手作蛋糕等食物，

＊萩餅：又稱牡丹餅，在糯米飯外面包裹一層紅豆泥或黃豆泥。

媽，我們家也要有這樣的東西』。我很討厭作菜，以前的想法是希望兒子在學校的營養午餐攝取營養就好。或許兒子感受到了在朋友家吃的東西充滿溫暖與溫度吧……這件事讓我我反省了一番。如果我們家也開始供應飯糰和白玉湯圓的話，吃零食和嚼食口香糖的次數也會減少，兒子看起來似乎相當開心。之前**常常向學校請假、幾乎拒絕上學的兒子，自從改變飲食之後，去學校的次數就增加了！**」

（T媽媽的孩子，小學4年級的男生）

「我買回來的炸雞和漢堡是全家人最愛吃的食物。**以前曾想過陪伴拒絕上學的兒子開開心心地吃他愛吃的東西，或許會成為他心靈上的支柱。**自從我在料理教室學習到『吃』這個行為背後蘊含的意義，以及料理所帶來的力量後，我的意識發生了重大的變化。兒子將我用心製作的牛蒡金平和煮物全部吃光光，告訴我他喜歡這些東西。我感到相當驚訝。我越用心做菜，兒子去學校的天數就越多……現在他幾乎每天都去學校上課！而且現在當我因為忙碌而持續偷懶的時候，兒子就會跟我說：『媽媽，是時候做那個了吧（特別喜歡吃牛蒡金平）』、『我早上一定要喝味噌湯，拜託了』。」

（A媽媽的孩子，國中2年級的男生）

「只要到了考試和社團活動的比賽前，我女兒就會央求我：『媽媽，**因為我想全神貫注，明天的便當只要飯糰就好了**』、『媽媽，記得要煮糙米喔』、『今天晚上要不要煮牛蒡金平？』、『媽媽，這幾天都要在飯上灑上芝麻喔』。平常女兒會吃很多各種各樣的東西，但是**在重要的時刻就會簡單吃、選擇粗食和有助聚精會神的食物……感覺好像得到成果的樣子。**」

（S媽媽的孩子，高中1年級女生）

S媽媽的高中1年級的女兒沒有補習，只有自己在家學習，卻考取了該縣第一志願的高中！我向S媽媽詢問秘訣。

「我女兒也是從國中生時期開始經常閱讀自然食品的書籍，考試前就會開始不斷地要求我：『做像這樣的飯給我吃』。其實那只不過是非常簡單的糙米芝麻飯。考試當天的便當也是吃糙米芝麻飯。**其實在想要全神貫注的時候，女兒有些日子只吃糙米飯和日式醃梅。還有，愈是逼近考試，她就會要求我避開油膩的食物，如果沒記錯的話，我沒有給她吃炸物。**

再來就是，基於無論是唸書或做什麼事都需具備健康的身心的想法，我希望女兒每天都能在固定時間（晚上9點前）吃我煮的飯，因而不想讓她去補習。結果女兒也告訴我，她想要在固定的時間吃我煮的飯，決定不去補習。我們一致認為無論是唸書或工作的人，首先就是要維持健康，飲食就是獲得健康的根源！**我從來沒對女兒說過：**『因為妳是考生，趕快吃』、**『快點吃』等話。在家時，我讓女兒慢慢花時間細嚼慢嚥。女兒似乎也相當地滿足**，不再需要消夜這樣的東西了。這是因為用餐的時候，我希望女兒能好好放鬆享用，讓她明白吃飯和讀書之間有輕重緩急之分。最後我得到完美的結果。」

的模樣。

至今有許多學員仍透過改變飲食方式，讓我看到及聽到她們的孩子蛻變後

・從膽小鬼，變成勇於接受挑戰的孩子。
・從總是唉聲嘆氣，變成快樂上學的孩子。
・從悲觀派，變成做什麼都很開心的樂天派。
・從愛生氣，變成情緒穩定的溫柔孩子。

這些變化，並非是用強迫或管教的方式才成功激發出孩子本身的優點，我認為是由料理、媽媽以及周遭的人的愛，形成一股助力才完成的。

再者，孩子的改變，其實也意謂著媽媽本身與孩子一起經歷蛻變，抑或是在之前就已先行改變。**意識、行為（選擇）……親子一同攜手成長！**廚房革命即使是為了孩子才開始的，最終將會帶來令全家皆大歡喜的效果。

在家裡就能營造出幫助孩子隨時都能發揮能力的環境，
以及打造強健體魄和心靈。
從廚房開始就做得到，全家也會一起改變。

在咀嚼上下點功夫，會變得更聰明！

現在是連大人在吃飯的時候都不太咀嚼的時代。與昔日對照之下，現代人的咀嚼次數和用餐時間均大幅減少了。

昔日與現代的用餐與咀嚼次數 數據比較表

時代	咀嚼次數	用餐時間
彌生	3990	51分鐘
鎌倉	2654	29分鐘
江戸初期	1465	22分鐘
現代	620	11分鐘

（參考資料：よく噛んで食べる　忘れられた究極の健康法、斎藤滋、NHK出版）

咀嚼次數和用餐時間大幅減少，歸因於質地柔軟的食物（異國料理）的增加以及現在社會不管大人或小孩都過著忙碌的生活所導致。但咀嚼的動作，事實上對健康和專注力會帶來許多益處。

除了大腦發育和智育，也與預防失智症、增強體力、做事能咬緊牙關、全力以赴力等息息相關。

請務必讓孩子在平常生活當中養成細嚼慢嚥的習慣。

- 以吃下一口咀嚼50次為目標。
- 選擇可以咀嚼的料理、食材，不要一直給予泥狀和質地柔軟的東西。
- 當孩子的牙開始長齊之後，慢慢地灌輸咀嚼會讓食物變得美味，孩子會開始懂得食物的箇中滋味。
- 利用「比比看有沒有仔細咀嚼！」的遊戲方式，孩子和媽媽面對面一起咀嚼。不要強迫孩子，而是要開心培養細嚼慢嚥的習慣。
- 把喜歡的句子在心中默想5次，邊想邊咀嚼大作戰。想出以10個字為一句，積極正面會變開心的句子，邊想邊咀嚼，並重複5次。

例如：我每天都過得好開心啊。這個方法比起數數1、2、3……50，更能快樂地持續下去。

不要強迫孩子「要細嚼慢嚥」，可在食材和料理上花點巧思，以遊戲的方式快樂地培養「咀嚼」的習慣。

營造一個在餐桌上體驗季節感的家

漢堡配薯條，還有牛丼等等在速食店和美食廣場等吃的東西，絲毫品嚐不出任何季節感。

在家用餐的益處，是時常能感覺到季節感。從此處著手孩子的食育最具效果。從吃飯感知季節、享受季節的樂趣、培養感性的能力，直到了解傳統與文化，**為數眾多的教育目的皆始於一個餐盤。**對孩子而言，豐盛的餐點是最好的教育方法之一。

春旬料理與食材

・若竹煮……以海帶芽與竹筍燉煮的一道菜。竹筍在春天生長旺盛，生長速度相當驚人。**正值成長期的孩子，也可以好好活用竹筍無拘無束的能量。**由於是能量強的食材，應適可而止，勿食用過量。

・款冬莖、款冬……春天始於款冬。當我告訴孩子們：「**熊從冬眠中甦醒，會吃蜂斗菜莖排毒，再開始活動喔！**」，之後他們都願意吃帶有苦味的款冬莖呢！款冬是具有優異排毒效果的食材。請在孩子上幼稚園開始敢吃款冬的時候，做給他吃吃看。款冬的苦味比款冬莖少，較容易入口。可以做成煮物、款冬飯、伽羅蕗*，享用春天的能量。

・魁蒿……草餅、艾草糰子。古人的春天點心是這類東西，充斥著春天的氣息，被認為**有調理身體取代藥物的作用**。

・豌豆、甜豆等綠色豆類也很美味。不要沾美乃滋，請務必好好吃出這些食材的天然原味。

夏旬料理與食材

・玉米……是相當受孩子喜愛的穀物。蒸玉米不僅可保留營養，味道甘甜濃郁。適合配飯，也相當適合作為點心食用。

*伽羅蕗：醬油煮款冬。

・西瓜……是幫助冷卻身體的水果。只要吃西瓜，就算關掉冷氣也沒有問題。**善用食物，就能調節體溫。在西瓜上面撒少許鹽，身體能量就不會過於鬆懈，也不會過度冷卻身體，甚至還能凸顯出西瓜甜味。**請各位也要好好享用不會過度冷卻身體的西瓜。

・苦瓜……是向陽且不斷朝上茂盛生長的蔬菜。非常適合用來防止夏日倦怠症。只要好好地炒過或煮過，就比較不會感覺到苦味，孩子也會願意吃喔。番茄和南瓜燉煮的西式濃湯也是相當受孩子們的歡迎。

秋旬料理與食材

・穀物……是米和雜穀的收穫時期。剛收成的稻米是最好的款待。食慾之秋，也是推薦拌飯和什錦飯的季節。請務必使用米為孩子製作如飯糰、荻餅之類的點心。

・蓮藕……可以幫助淨化血液，強健肺部。秋冬之際，要充分攝取蓮藕，預防肌膚乾燥。

・栗子……只要蒸過，就搖身變成一道好吃的點心。栗子飯也是相當可口美味。

請務必給孩子看看栗子多刺的模樣，讓孩子一探栗子的真面目。

冬旬料理與食材

・羊栖菜……**具有溫暖身體的力量**，富有相當高的營養價值。可以活用在煮物、羊栖菜飯和沙拉等菜餚。

・味噌……是能溫暖身體的優良食品，冬天可以和孩子共同體驗製作味噌的樂趣。

・柿乾……比起生吃，柿乾較不會冷卻身體。和孩子共同親手製作保存食品，不僅提高孩子對食物的關心、還能增長知識，成為從吃東西當中找到樂趣的孩子。

・鍋物……可以暖和身體，製作方法也相對簡單，是相當適合忙碌的媽媽的食譜。

可以使用醬油和高湯調味，或製作味噌、鹽麴等風味的湯頭，甚至還能加入薑和甘酒。無需再使用市售鍋底湯包，只要選用安心的食材和原料，就能創造出豐富多層次的口味變化。

季節性的節慶活動

關於傳統節慶和日本的飲食習慣，可以透過與孩子共同體驗，從創造愉快的回憶中學習。建議務必親子一同參與各式各樣的體驗活動。

春……採山菜、製作糖漬橙皮和甜橙果醬、櫻餅、柏餅、粽子、種田、醃漬蕗蕎。

夏……製作醃梅子、打西瓜*。

秋……挖地瓜、稻米收割、製作柿子乾。

冬……製作味噌、搗麻糬、製作蒟蒻、年菜料理、撒豆*。

*打西瓜：日本人夏天在海灘玩矇眼棒打西瓜的遊戲。

*撒豆：日本的傳統習俗，在立春前日撒豆驅邪。

洋溢著季節感的餐桌，是豐足歡樂、最棒的教育場所！

孩子是吃著愛長大的

孩子日益茁壯成長，就連大腦和身體都以相當快的速度發育成長。因此，每天的飲食以及來自周遭的愛，對孩子而言都是缺一不可。兩者缺少其一，孩子就很難安心地忠於自我長大。我希望各位銘記一件事，就是要在每天的料理上提供孩子成長所需的營養，同時也要灌注媽媽滿滿的愛。

與營養素一起包含在料理當中的是「氣」。

要讓孩子充滿活力、歡樂、鼓起勇氣進行各種活動，無論如何「氣」都占了舉足輕重的地位。要全神貫注學習或獲得什麼東西時，不可缺少「精力」*。

孩子會老實地全盤接收從食物中獲得的「氣」。

・媽媽總是開心地作菜。

・一邊作菜，一邊顧及孩子的身體狀況與幸福。
・發自內心享受著吃飯這件事。

我認為如果能做到上述幾點，孩子就會安心吃飯，也會發自內心想要吃那樣的料理，每日都能從吃東西當中獲得幸福的滿足感。

但恐怕有許多忙碌的現代媽媽，是以「煮飯好麻煩」、「吃〇〇就好了（因為沒有時間又很疲倦，就吃買回來的東西……）」、「反正孩子不吃」、「希望孩子吃快一點」、「午餐吃學校的營養午餐比較方便。放暑假的時候常在家吃飯，好憂鬱」這般心情來面對煮飯和飲食。我也能理解不擅長做菜的人，心情會不知不覺地消沉下來。但是，強求孩子要開開心心地吃下被這股「氣」所包覆的食物，實在是強人所難。

灌注到那道菜餚裡的沉重之氣、**提不起勁、負面情緒、心不甘情不願做出來的菜的感覺……等，都會自然地讓敏感的孩子感受得到。**時常吃這些菜的孩子，恐怕也覺得很痛苦也說不定。媽媽做菜時的臉以及吃東西時的表情，都會

*精力：日文為「氣力」。

被孩子看得一清二楚。**孩子最愛媽媽，總是凝視著媽媽看她是否開心。**

・個性陰沉。
・面無表情、漠不關心。
・不予置評（沒有與料理有關的感想等等）。
・急忙慌張。
・煩躁不安。
・唉聲嘆氣。

如果是因為忙碌和疲倦而出現上述情況，就必須特別注意。要快快樂樂地做菜！請細細品嚐能做出守護家人的餐點所獲得的幸福。孩子吃了自己親手做的菜餚朝氣蓬勃地成長，仔細想想實在是一件相當值得感恩的事。

孩子將自己的健康以及對其他事情的所有信賴，全數寄託於媽媽身上。以前我的媽媽曾經這麼說道：「孩子對父母端出的食物是否有毒或腐敗沒有絲毫存疑，反而面帶可愛的表情『啊～』張開大口就吃下去。這表示孩子相當信賴父母。生了孩子後看到眼前這幅景像，才發現原來自己肩負著重責大任呢！」

我也在升格為人母後，才明白了這份無庸置疑的愛是如此強大。

和孩子一起放輕鬆好好地吃頓飯吧。用餐中也要開開心心地交談喔！

「今天的菜是～喔！」

「這個是當季蔬菜喔！」

「有著什麼樣的味道呢？」

「一咬就蹦開，真好玩！！」

「嚼著嚼著就變甜了！」

若能一直自然進行這樣子的對話，**孩子就會愛上吃東西這件事、享受箇中樂趣、提高對食物的關心、好好品嚐味道再繼續吃下去**，一定可從中獲得不少益處。

相信各位一定也想營造一個在用餐中，媽媽和孩子臉上都掛著笑容連聲讚道：「好吃！好吃！」，充滿笑容的餐桌環境。抱著幸福的心情吃，消化也會變好喔。

飲食除了考量到「營養」，同時也必須考慮到形成元氣、陽氣、勇氣根源的「氣」。

媽媽是世界第一的廚師

「我沒辦法切得像餐廳一樣漂亮」、

「擺盤的品味實在不怎麼樣」、

「孩子果然還是比較喜歡吃外食……」

不，沒有那回事。對孩子而言，這世界上沒有比媽媽更重要的。孩子每日都會歡心期盼著媽媽製作的料理。遍尋世界各個角落……，也找不到可以煮出最適合自己孩子料理的人。

沒有其他人會觀察自己身體狀況，為自己調配料理。沒有會知道自己不愛吃的、以及不適合自己身體的東西。肯花心思，就是為了讓自己吃的時候更方便入口。會為自己著想，製作滿懷愛的料理，世界上已別無他人會這麼做了。

請媽媽拿出自信來，告訴自己，我是這個孩子心中的第一名。孩子是完全信賴我的！請媽媽開心地料理做菜，以回應孩子的期望。

飲食，是媽媽（大人）每日都能贈送給孩子的最棒的禮物。

「媽媽煮的味噌湯，最能讓我安定下來」、「幫我捏的飯糰，柔軟到入口即化，真是好吃」，媽媽對孩子的愛，總是以這樣的形式，切切實實地傳送到孩子身上。如實接收到這份完整母愛的孩子，就會產生一種超乎常人的安定感。

這是由於**孩子能在每餐感受到自己「被重視」與「被愛」**。

這份自我肯定感，就會化為自信。

因為有了自信，所以能不畏懼迎接挑戰，能全神貫注克服難題。
因為得到身心靈上的滿足，總是保持著愉悅的心情。
因為幸福，所以不會欺負他人，不抱持偏見，也不會鬧彆扭。

請務必感受一下會讓孩子從內心獲得安定的料理的力量。

每日都吃媽媽親手料理的孩子，
等同收到媽媽每日贈送的禮物。因此，
就能成為擁有高度自我肯定感，並且熱衷挑戰的孩子。

「剛完成」與「剛做好」的料理所蘊藏的力量

剛完成的料理出現在眼前，**從製作到完成的這段距離與時間之「近」，最為奢侈，其所擁有的力量也是最強的。**

吃著剛完成料理的人，會變得滿心歡喜。從料理的製作到進入我們嘴巴為止的「距離」是最近的。像這種料理最為美味，可以吃到食物本身仍保留的營養和能量。

可以在眼前望著作菜的人的模樣，也能感受到料理熱騰騰的蒸氣與香氣的深刻體驗，感動指數也會相對增加。

反過來說，請各位想想看，這段距離與時間離我們越遙遠，其擁有的力量將會越薄弱。

便利商店的便當是在多久以前製作好的？製作地點在哪裡？由誰製作？我

們一無所知。便當的原料在抵達工廠之前，或許還在某處遙遠的工廠加工到一半。在加工前，在某個地方冷凍過。又於更早之前，從千里迢迢的國外進口……。便利商店的便當在製作過程中途經許多地方，再以複雜的加工程序製作完成。因此，有時也會出現食用後卻無法獲得滿足感，不夠美味，以及吃了沒有精神的情況。

從料理完成的地方到自己嘴巴為止的距離，越近越好。

便當是平安符＆情書

每日讓孩子帶便當的家庭，在不知不覺中就養成了帶便當的習慣。有時基於學校每學期設定的便當日，或只在學校例行活動等等時候才讓孩子帶便當的媽媽，心中想的不外乎是：「明天要帶便當啊！真討厭」和「便當的配菜真是讓人傷透腦筋……」。

從零開始製作便當很辛苦，其實只需要前天晚上的配菜就綽綽有餘了。在前天晚上先將有營養的東西做多一點份量就好了。請務必帶著愉悅的心情為孩子準備便當。

將便當親手交給孩子的行為，既幸福，又有福氣。**這與遞情書和交出接力棒的行為相同。**

「今天也要有精神喔」、
「和朋友要相親相愛」、
「學多一點東西回來」、
「希望你會發現到有趣的東西」、
「要注意往來車輛喔」……
這些媽媽想傳遞給孩子的訊息，全部都被裝進便當裡。

便當其實也等同於平安符。孩子放學後帶著空便當盒回家，可以想像得到孩子身心所處的狀態。

便當是一個滿載著幸福的盒子。我希望親子之間都能夠好好珍惜這份交遞與接收便當的情意。

若將便當視為給孩子的情書和平安符，就會更想要珍惜。

與冷凍食品的相處之道

經常將剩飯冷凍保存、少量冷凍煞費苦心卻不小心做太多的料理、偶爾滿懷感恩的心使用這些冷凍起來的食物。我認為上述這些符合現代生活的方法的確可行，我也會這麼做。

然而，忙碌的現代社會，有太多把食物全數冷凍，或每天都使用冷凍食物的人。每當有人問我：「我把高湯、菇類、蔬菜、蔥、薑、青菜全都冷凍保存。買了一個禮拜份量的東西後，就馬上放到冷凍庫內……。請問這麼做，可以嗎？」，由於每個人有選擇的自由，所以我不想回答：「不可以」。然而會這麼問的媽媽以及她的孩子，有可能是沒有活力朝氣的。

相信提問的人，本身已有某種程度的自覺才會這麼問我。我回答她：「請務必增加更多生食與加熱過的食品到妳們現有的飲食生活當中看看。這麼做會讓妳們變得更朝氣蓬勃，也可以彼此分享對方的朝氣，將會帶來迥然不同的效果」。

不用說食物的色、香、味、口感、從食物獲取的能量有別，就連食物的力量輕輕注入體內的感覺等等，都是生食及加熱過的食品，與冷凍食品截然不同的地方。

有或沒有獲得上述能量的人，無論身心靈，都必然有完全不同的感受。**剛採收、剛切好、剛燙好、剛煮好……「剛〇〇」的東西，對現代人來說實在是相當奢侈幸福呢！**

聰明對待冷凍食品。不要總是全盤依賴，平日應食用新鮮、剛做好的食物為佳！

媽媽，休息一下沒關係喔！

孩子最愛媽媽，認為媽媽在自己心中佔有舉足輕重的地位。因此，就算媽媽暫時無法勞神費事地做菜、外食次數多、做菜做得心不甘情不願……，也不會嚴厲譴責或持反對意見。

孩子一定會笑著向媽媽說道：「媽媽如果很忙的話，休息一下沒關係喔。輕鬆一點比較好喔」。

孩子深信媽媽買回來的東西，既美味又安全。孩子彷彿就像天使般一樣地溫柔。我也不想強迫忙碌的媽媽在心不甘情不願、痛苦地勉強自己做菜。

期許透過飲食打造和平、幸福世界的我，也祈望各位能夠放鬆心情，享受食物和做菜所帶來的樂趣。

因此，如何讓不愛做菜、對做菜懷抱著痛苦的意識以及難以抽空做菜的人，願意帶著愉悅的心情努力克服挑戰，是我的課題之一。

告訴各位做了會帶來好處的理由，讓各位感受做了可以得到的效果、傳遞會讓各位想要開始做的理由，我不斷留意著這些事情。

再來就是針對喜愛做菜和吃東西的人，我會教導他激發自我和食用者與生俱來的飲食能力，希望他們可以進階體會到孕藏在飲食背後更深層的力量。

選擇的樂趣、製作的樂趣、食用的樂趣……，再加上體驗這些樂趣之後，應證於身心上的效果。我認為如果能讓各位親身體會，應該會更切身感受到料理的親近感，並且以開心正向的心態努力克服挑戰。

不用努力也沒關係。請抱持愉悅的心情，用心感受「選擇食物的樂趣，以及其為身心所帶來的效果」。

結尾

You are what you eat.
人如其食。食物的選擇會改變「一切」

我的想法是，「人類與生俱來，均擁有個人獨大的魅力和能力」。

若能充分地掌握自己最大的魅力和能力的話，許多願望就會實現，想做的事情如願成真，可以坦然面對自己的課題，會愈加輕易地活出「自己的人生等同自己的舞台」。那麼做的話，僅有一次的人生將會過得相當充實且意義非凡。

雖然有時候，可能為因為身心狀態而無法充分發揮難能可貴的能力。隨時將自己的能力調整為蓄勢待發的狀態，應該會成為「實現自我」的極大助力。

在身心調整方面，飲食扮演著重大的角色。我每日深深領悟著此點，體認飲食的重要性。

我自己是在馱菓子屋*前長大，從小到大吃了許多最愛的砂糖和水果。直到30歲為止，我開始覺得很容易疲倦，明明愛吃東西卻因為胃不好而經常服用胃藥。

現在回想起來，小時候和年輕時的自己，並未認真活出百分之百的自我。沒錯，就是因為很疲倦，常常告訴自己好好保留體力，努力不要太過拼命。

回想起來，我以前的所作所為實在是徒勞無功。倘若自己在當時能充分發揮百分之百的能力，或許會讓那時的人生階段格外顯得閃爍耀眼。

雖然我生性樂觀並不會自怨自艾，但是我力求活在當下，活出最佳狀態。在覺得自己辦不到的時候，也會想辦法扭轉局勢，接下來也將至始至終，全力以赴。

使我意識到此點的契機，源自於最心愛的兒子的誕生。孩子的誕生，成了我重新檢視飲食的重大轉機。

身形嬌小，純真無邪，內臟器官發育尚未成熟的孩子，一旦給他吃了刺激性強和不適合的東西，孩子的身體和心情狀態會向我說「不」。

每日替孩子準備餐點的同時，我明白了只要採取穩定調整飲食的方式，真的會對打造孩子強健的體魄帶來泰然自若的愉快心情。

這麼棒的飲食方式只留在自家人，實在是太可惜了。基於這份心意，我想讓更多人認識它，這就是我當初開設料理教室的緣起。同樣地，藉由重視飲食的重要性，溫暖守護支持自己孩子的媽媽們也和我分享了不計其數的個案。

活力充沛、開開心心、做事熱衷投入……等等，都是相當了不起的能量，孩子也不會偏離成長正軌。

*駄菓子屋：粗菓子屋，糖果零食雜貨店。

變得不高興、以及搞壞身體。可見保持平衡，有多麼地重要。

這是一個外界充斥著強烈刺激的現代社會。倘若能聰明認識應對的方法，掌握穩定調整飲食的方法，應該就能避免孩子偏離正軌。

家裡的飯，扮演著極為重要的作用。家裡的飯，始終是溫暖、偉大、且肚量寬宏的。我希望為數眾多的媽媽們能察覺到這件事，對自己親手製作的料理和家庭飲食文化拾起自信。

每位孩子都是天才！每位孩子都擁有獨一無二的天賦與能力。希望孩子們都能加以發揮，盡情享受自己的人生。

無論是自己的孩子，或是別人的孩子……，希望全世界的孩子們都能實現自我，過得快樂幸福。由衷期盼孩子們每日過得健健康康，吃下滿懷烹飪者的溫柔、愛意以及信任的心情烹調而成的真實料理，茁壯成長。不讓正值成長期的身體產生負擔，能無拘無束、自由自在地長大。殷切盼望各位在今日也為孩子們準備好裝滿這麼棒的能量的餐點。

真心祈望孩子們在成長中，能邊吃邊感受及坦率接納他人的愛，清楚明白自己是一個幸福的人。身為自然界的一分子，希望孩子們對蘊含於食物中的力量懷抱一顆感恩的心，邁向開心享受食物美味的人生。無須借助保健食品和藥物，透過日常飲食，也能幫助孩子締造絕佳的身體狀態！

取得良好能量的孩子們，肯定擁有出色的專注力，面對想做、該做、重要的事情，使勁發揮豐碩的成果！

孩子會親身體會到自己是被媽媽溫暖的笑容、言語、以及飲食細心地呵護著。今日也要對著準備出門的孩子說聲：「祝你有個美好活力充沛的一天！」。

上原まり子

MEMO

MEMO

Super Kid 13

激發孩子專注力的飲食革命

著者 上原まり子（Mariko Uehara）
譯者 王韶瑜
總編輯 賴巧凌
編輯 洪季楨・陳亭安
封面設計 王舒玗
發行所 八方出版股份有限公司
發行人 林建仲
地址 台北市中山區長安東路二段171號3樓3室
電話 （02）2777-3682
傳真 （02）2777-3672
總經銷 聯合發行股份有限公司
地址 新北市新店區寶橋路235巷6弄6號2樓
電話 （02）2917-8022・（02）2917-8042
製版廠 造極彩色印刷製版股份有限公司
地址 新北市中和區中山路2段340巷36號
電話 （02）2240-0333・（02）2248-3904
印刷廠 皇甫彩藝印刷股份有限公司
地址 新北市中和區中正路988巷10號
電話 （02）3234-5871
郵撥帳戶 八方出版股份有限公司
郵撥帳號 19809050

2019年12月24日　初版第1刷　定價300元

激發孩子專注力的飲食革命 / 上原まり子著；王韶瑜譯.
-- 初版. -- 臺北市：八方出版, 2019.12
面；　公分. -- (Super kid；13)
譯自：子どもの「集中力」は食事で引き出せる
ISBN 978-986-381-209-8(平裝)
1.育兒 2.小兒營養 3.食譜
428.3　　108019245

附錄

受孩子喜愛的

提升專注力 精選食譜集

提升專注力
精選食譜集
1

糙米麻糬味噌湯

提升專注力！使用具有出色收縮效果的味噌、根莖類蔬菜和糙米麻糬。不僅風味和份量十足，同時也帶來極大的滿足感！可以添加小豆苗調整成輕淡口感味噌湯，取得口味平衡。

材料

昆布高湯…………… 2 杯
(*1 杯 =200ml)
麥味噌（或糙米味噌）
………1 又 1/2~2 大匙
(* 品嚐味道後再作調整）

白蘿蔔……………… 50g
紅蘿蔔……………… 50g
小豆苗……………… 2 搓
糙米麻糬…………… 2 個

作法

1. 將白蘿蔔和紅蘿蔔切成扇形。
2. 將糙米麻糬置於烤網上烘烤。
3. 昆布高湯煮沸後，放入白蘿蔔和紅蘿蔔煮幾分鐘。
4. 待煮熟後，以少量的湯溶解味噌後再倒回鍋中調味。

   * 視年齡和身體狀況調整味噌的用量。（小孩以輕淡口味為基本，本食譜的建議用量為成人的用量）
5. 將作法 4 的味噌湯盛入湯碗中，擺上烤好的糙米麻糬和小豆苗。

提升專注力
精選食譜集
2

糙米烤飯糰

無論正餐或餐間點心都相當推薦。可以溫暖身體，也能幫助頭腦思緒清晰。蕎麥種子的風味和口感都很好，是營養價值相當高的食材。

材料

糙米飯……………… 1碗
豆味噌………… 1/2 小匙
蕎麥種子…………… 適量

作法

1. 把糙米飯捏製成 2 個飯糰。
2. 蕎麥種子乾煎到可食用的程度。
3. 把作法 1 的飯糰置於烤網上，將雙面烤到呈金黃焦香色澤為止。
4. 最後在飯糰單面塗上味噌，擺上蕎麥種子。

細卷壽司

食慾不太好，或是沒有好好用餐的時間都方便食用的細卷壽司。使用具有收縮效果的食材使能量加倍。

材料

糙米飯…………………… 1 碗
梅子醋……………… 1 小匙
海苔…………………… 1 片

A 版本口味配料
炒白芝麻……………… 少許
澤庵（日式醃蘿蔔乾）……
切成 3 條 5 公分長的細條狀

B 版本口味配料
梅煮牛蒡……………… 3 條
(* 作法在食譜 4)
紫蘇葉………………… 2 片

作法

1. 將梅子醋拌入冷卻的飯裡。
   (* 日本飯糰是用冷飯，與台灣飯糰不同)
2. 海苔對切成一半，鋪在竹簾上。
3. 以邊按壓邊鋪開的方式，從靠近身體處往外薄薄地鋪一層在竹簾上，在最外緣處保留一些空間。
4. 撒上炒白芝麻、擺好澤庵後，一邊壓緊一邊將壽司捲起來。以同樣方式製作 B 版本口味的壽司。
5. 切成約 4 公分長度適口的大小。

提升專注力
精選食譜集
4

梅煮牛蒡

僅需一只鍋子，約十分鐘就能開心完成的一道簡便食譜。烹煮時，請留意完成後須保有嚼勁的口感。僅使用少許的醬油，是融合整體風味的重點。

材料

牛蒡…………………… 2 條
醃梅子………………… 2 個
醬油…………………… 少許

作法

1. 把將牛蒡切成 **5** 公分的長度。若牛蒡較粗，可再細切成 **2**～**4** 等分的薄片。若牛蒡的薄度夠薄，則無需再細切。
2. 將醃梅子的種子取出備用，輕輕將梅肉拍碎。
3. 將牛蒡、醃梅子、醃梅子的種子放入鍋中，加水至稍微淹過食材的高度後開火。
4. 煮一陣子，待牛蒡煮熟後再煮至水分幾乎快收乾，以順時鐘方向淋上少許醬油攪拌後，取出醃梅子的種子即完成。醬油目的在融合整體風味，僅需少量即可。

提升專注力
精選食譜集
5

牛蒡金平

切成細絲是本道料理的靈魂所在！需要全神貫注地切絲。經過細心翻炒後再疊上紅蘿蔔絲悶煮，是一道僅靠醬油就能帶出甘甜又具豐富層次感風味的食譜。注意不要有太多水分，以免味道變淡。

材料

牛蒡	2 條	醬油	1 又 1/2 ～大匙
小根紅蘿蔔	1 條	胡麻油	適量

作法

1. 將牛蒡和紅蘿蔔切成極細的絲狀。
2. 平底鍋抹上一層薄薄的胡麻油，放入牛蒡絲翻炒。
3. 以小火翻炒至牛蒡絲從原本嗆鼻的味道變成溫和美味的香氣後，將紅蘿蔔絲重疊鋪在牛蒡絲上，不要攪拌。加入只蓋過牛蒡的水，蓋上鍋蓋悶煮一陣子。

4. 悶煮約 **5** ～ **7** 分鐘後，確認牛蒡絲和紅蘿蔔絲均已熟透，水分也幾乎快收乾後，沿著鍋緣倒入醬油，蓋上鍋蓋再煮約 **3** 分鐘。

5. 拿起鍋蓋後，細心攪拌到所有食材都均勻入味。味道不夠的話，可再加入少許醬油，開火再煮一下收乾水分。

提升專注力
精選食譜集
6

羊栖菜煮物

添加孩子喜歡的玉米，相當適合夏天食用！是能夠開心攝取到礦物質的一道料理。

材料

芽羊栖菜…………… 30g
小顆洋蔥…………… 1 個
紅蘿蔔…………… 1/2 根
玉米粒…… 1 塊玉米份量
油豆腐…………… 1/2 片
醬油…… 1 又 1/2 ～大匙

作法

1. 鍋中放入少量水煮至沸騰，放入切成薄片的洋蔥水炒。
2. 待洋蔥變透明後，放入玉米粒、切成長方形的油豆腐、水洗過的羊栖菜、切成扇形的紅蘿蔔，加入蓋過食材的水量。
3. 開中火煮至沸騰後，以順時鐘方向淋上醬油，須不時攪拌。
4. 煮至水分幾乎都已收乾為止。

小松菜拌海苔

溫和清爽的滋味，使身體輕鬆上揚，調理身體平衡。
汆燙的青菜要保持爽脆口感。

材料

小松菜……2 根
海苔……1/4 片
醬油……1 小匙

作法

1. 小松菜不切，直接整根放入沸騰的熱水中汆燙。放在濾網上待其冷卻後，切成適口大小。
2. 將作法 1 的小松菜盛裝於食器中，擺上撕碎的海苔後，淋上醬油享用。

提升專注力
精選食譜集
8

簡易拔絲地瓜

免油炸製作的簡易點心，也適合當作便當的配菜。

材料

芽地瓜…………… 1/2 條
（切成不規則形狀）
糙米水飴
………… 1 又 1/2 大匙
烤白芝麻……… 1/2 小匙

作法

1. 蒸熟地瓜。
2. 地瓜蒸熟後，趁熱移到大碗中，加入糙米水飴拌勻，灑上烤白芝麻。